靴の「ソムリエ」と呼ばれる
専門家集団
シューフィッターに頼めば
歩くことがもっと楽しくなる

一般社団法人 足と靴と健康協議会 編

はじめに

シューフィッターって、どんな人？

「シューフィッター」。

その名前だけは聞いたことのある人もいるでしょう。

シューフィッターとは簡単に言えば「足と靴のプロフェッショナル」。とはいえ、靴を作る人のことではありません。単なる販売員でもない。シューフィッターとは、
・人の足の骨や筋肉の構造、運動などについて知識を持ち
・靴の種類・素材・製法・特徴を熟知した人
のことをいいます。

彼らは、デパートや靴専門店で活躍しています。こうしたプロの力を上手に活用することで、より健康的でスタイリッシュな靴選びが実現するのです。

目次

第二章　痛くない、歩きやすい、美しいを叶える　婦人靴選び

第三章　ファッション性か実用性か、機能で考える　紳士靴選び

第一章

靴選びが変わる！知らないと損をするシューフィッター

一般社団法人
足と靴と健康協議会

シューフィッターの資格

シューフィッターとは、一般社団法人「足と靴と健康協議会」が養成・認定する資格です。シューフィッターには、

・プライマリー（初級）
・バチェラー（上級）
・マスター（修士）

の３つのグレードがあります。また、シニアや幼児、子どもなどの、より専門的な知識を身につけたシューフィッターもいます。

プライマリーの資格を得るには、

・一定期間のスクーリング（講習）を受講すること
・講習後のテストに合格すること
・受講修了３か月以内に、所定の問題集の解答と、フィッティングトライアルチェッ

クシート（試着実習報告）を10足分提出
・受講修了1年以内に、50人分の足型（計測実習結果）を提出すること
・最終審査に合格すること
・靴の販売、製造、および靴に関連する仕事に従事して3年以上の実務経験があること

という、資格にふさわしい、厳しい条件が設けられています。

また、資格の有効期限は取得から3年。以後は更新試験を含む更新手続きが必要になります。シューフィッターは、常に新しい情報に接し、足と靴について学び続けている、スペシャリストなのです。

シューフィッターはドクター？

「風邪だとばかり思っていたら、別の病気だった」なんて、よく聞く話。それほど、自分の体であっても、判断が難しいことは多々あるものです。人の顔が十人十色であるように、足もまた、全員違います。それどころか、左右の足でさえ、違っているの

です。おまけに足は時間によっても変化します。一日の間にもむくんだり、むくみが引いたりする経験は誰にもあるでしょう。もちろん、健康状態によっても変化します。そんな「自分の足」にぴったりの靴を手に入れようと思ったら…。それが実は非常に難しいことだということが、おわかりいただけるでしょうか。

病院や医師にかかりつけ（ホームドクター）があるように、かかりつけのシューフィッターがいれば、どんなに心強いことでしょう。定期的に足を見てもらい、その時々の状態を教えてもらえます。足にまつわる悩みやトラブルを解決したり、未然に防ぐことだって可能です。自分以外に、自分の足のことをよくわかってくれている人がいる。それだけで、毎日の歩行がより快適に、健康的になれるのです。

靴と健康のつながり

超高齢社会を見据えて、世の中は健康ブーム。「体に合わない靴を履き続けると健康に悪い」とか「悪い姿勢や悪い歩行が体をゆがめる」など、多くの方々が認識するようになってきました。しかし、具体的に何が・どう悪いのか。どんな病気が潜んでいるのか、明確に理解している人は少ないでしょう。実は、靴が合わないために引き起こされる病気はこんなにあります。

■足の病気

外反母趾／ハンマー・トー／爪の変形、変色／水虫／底まめ／魚の目・タコ／靴ずれ

中足骨骨頭痛／アキレス腱周囲炎／足底腱膜痛　など

■脚部の病気

神経痛／関節炎／静脈瘤／むくみ　など

■下腹部・体内の病気

腰痛／便秘／冷え性／婦人科系疾患／泌尿器科系疾患　など

胃弱／胃下垂／肝臓や腎臓の病気／心臓の病気　など

■首や頭の病気

偏頭痛／扁桃痛／蓄膿症／目の病気／難聴／肩こり　など

え？　靴が合わないせいで蓄膿症？　と思われるかもしれません。

実は足は第二の心臓とも呼ばれるほど、全身の血流にとっては大切な部位。そこに履かせる靴が合わないまま、長時間過ごせば、あらゆる場所に悪影響が出るのです。

シューフィッターって何ができるの？

では、具体的にシューフィッターとは、何ができる人なのでしょうか。
シューフィッターの役割と知識は、次の2点に集約されています。

1．フィッティングチェック

足の正確な計測と診断のことをフィッティングチェックといいます。
通常私たちは「足のサイズ」というと、かかとからつま先までの長さを言いますよね。

しかしシューフィッターは、足長、足幅、足囲などあらゆる部位を計測する技術を持っています。同じ23・5㎝の足をしていても、一部の長さが23・5㎝だというだけで、細い足もあれば太い足もあります。甲の厚い人、薄い人。指の長い人、短い人、さまざまです。シューフィッターは足全体を細かく計測して、複数のポイントをチェック。その足とその靴が、本当に合っているかどうかを総合的に判断する力を持っています。

2. パッキングワーク

実はほとんどの人の足は、左右で違います。大きさも形も、左右がぴったり同じ、という人はまずいません。一方、靴は左右同じ規格で作られています。なので、千差万別の足を適応させるのが難しい場合もあります。左右の差が大きい場合には、靴と足の差異が深刻なトラブルを引き起こすことも珍しくありません。フィッティングの際は、どうしても大きい方の足に靴を合わせることになるので、小さい方の足にとっては大きすぎる、ということになります。こうした足と靴のズレやゆるみを、さまざまなパッキング（詰め物やパッド）を用いて、微調整する技術をパッキングワークといいます。

シューフィッターはこの2点に習熟することで、多くのケースに接し、技術と経験を磨いてゆきます。その結果、

1. 得られた情報や知識を靴のメーカーにフィードバックし、よりよい靴づくりに貢献する。

2. 豊富な知識と経験、技術を顧客へのアドバイスに活かし、よりよい靴選びのお手伝いをする。

それがシューフィッターの役割なのです。特にみなさんにとっては、2. の役割が大切ですね。

シューフィッターは何を知っているの?

当たり前のことですが、痛い、かゆいなどの「感覚」は、本人にしかわからないものですよね。その靴が、本人にとって履き心地が「良いか・悪いか」も同様です。そこでシューフィッターは、履く人の状態を分析し、トラブルを察知、解決策を提案します。シューフィッターが見るのは足部だけではありません。脚部全体、あるいは全

身に起こっていることを客観的に観察。本人からの申告と、自身の経験も総合して、問題の原因を判断します。

そのための知識と計測などの技術を身に着けているのがシューフィッターなのです。

具体的には、

・下肢（脚部と足部）の形・構造・機能
・歩行と運動
・生理（むくみや発汗、季節の変化、衛生など）
・足の病気と障害
・足型の計測
・パッキング方法
・靴の知識（構造や製法、特徴）
・靴の歴史、コーディネート法、手入れなど

を学び、身につけています。

その上で数多くの計測実習を行います。初級資格取得の段階で、すでに10足以上の試着実習報告と、50人以上の足型計測を経験しているのです。

どんな靴を選ぶのが「理想」なの？

大切なのは『3つのアーチ』

「3つのアーチ」とは、かかとから母趾のつけ根へのびる内側のたてのアーチと、かかとから子趾への外側のたてアーチ、母趾と子趾にある横アーチです。

「足のアーチ」という言葉があります。足のアーチとは、靭帯（じんたい）で支えられた、アーチ状の骨の構造のこと。アーチは二足歩行をする人間独特のもので、よく似ているようでも、サルの仲間にはアーチはありません。ではなぜ、人間には3つのアーチがあるのでしょうか。

・歩くときの衝撃を吸収する

・次の一歩を踏み出すための動力（ばね）

・片足立ちしても倒れない安定性（バランス）

これらのためにアーチがあるのです。

さて、シューフィッターは靴売り場で毎日多くのお客様に接しています。そんな中で最近特にみられるのが、アーチが崩れているお客様。特に多いのが、内側たてアーチで横アーチが崩れている人です。

アーチが崩れるとどうなるの？

アーチは靭帯と筋肉の力で骨格を押し上げることで成立しており、これが崩れると足にさまざまなトラブルが起きるようになります。アーチが崩れると…

・支えていた力が弱くなり、骨格が拡がる。幅が広くなり、高さが低くなる（扁平になる）。

・持ち上がっていた甲が下がり、指が拡がる（開張足という）。

・開張足になると、やがて骨が横に出てきて外反母趾に。

外反母趾に悩んでいる人は、必ずアーチが落ちています。外反母趾は、いきなり起こるものではなく、まず内側たてアーチがそして横アーチが落ちて、そこから始まっていくのです。

ではなぜ、アーチは崩れてしまうのでしょう。

・生活様式の変化で屈伸が減った

日本人の生活そのものが西洋風になって、椅子やベッドを使うようになりました。日本家屋の住まいでも、食事にちゃぶ台を使う家庭は減っています。従来ならば、畳敷きの部屋に座って暮らし、立ち上がるのも床面から。トイレでも、しゃがみこんで使う和式が主流でした。つまり日本人は、毎日の暮らしの中で、ひんぱんに屈伸運動を行っていたのです。それが暮らしの西洋化にともない、屈伸回数の少ない、より運動量の少ない生活へと変化しました。トイレは洋式、ダイニングルームも椅子式です。寝るのもベッドですから、床から起き上がり、立ち上がるよりははるかに楽です。小さなことですが、毎日の運動量が少しずつ減り、その蓄積から現代人の足アーチは崩れやすくなっていると考えられています。

・圧倒的な運動不足

現代人の運動不足は家屋内での生活スタイルの変遷によるものだけではありません。現代の日本人は、老いも若きも、圧倒的な運動不足の状態にあります。車社会で、移動手段もほぼ車。エスカレーターやエレベータを使う機会も増え、ますます歩かなくなっています。都会に暮らす人だけの問題ではありません。実は、決して便利とは言えない田舎の生活でこそ、車を利用する人が多く、歩く距離が短くなっているのです。

さて、足のアーチは靭帯と筋肉によって骨格を押し上げて構成されているので、筋力が落ちれば、それだけアーチは崩れやすくなります。

以前は中高年に多くみられたアーチの崩れですが、このように運動量の低下している昨今、筋肉が未発達な若年層でも開張足の人をよく見かけるようになりました。

さて、ここでひとつ、疑問が浮かびます。

西洋風の暮らしが運動不足をもたらし、日本人の足アーチが崩れていると説明しましたが、それではそもそも、西洋の人たちの足はどうなのでしょうか?

実は残念ながら、西洋の人たちと日本人の足のアーチの違いについて、まだはっきりとしたことはわかっていません。ただ、ひとつ言えることは、日本人と欧米人とでは「歩き方が違う」ということです。海外の靴関係の人達に聞くと「日本人の歩き方はすぐにわかる」と言います。この「歩き方」こそが、靴選びには重要なポイントとなるのです。

正しい歩き方、できてますか？

あなたは、正しい歩き方ができているでしょうか？　左右の足を交互に出すことで、とりあえず前進することはできますね？　しかし、改めて「正しい歩き方」と言われると…。何が正しくて・何が間違っているのか、よくわからない人がほとんどではないでしょうか。

正確に言えば、問題は、

「靴を履いたときに、理想的な歩き方」ができているかどうか、ということ。そしてどうやら、日本人は「靴を履いた時の歩き方が上手ではない」ということです。

では理想的な歩き方とはどういうものでしょう。

・かかとから着地する。
・足の外側を、かかとからつま先へと体重を移動して、
・親指で地面を押し出すようにして前へ進む。

というプロセスをたどるのが、理想とされています。

では、こうしたプロセスにとって良い靴とは何かといえば、
・足と靴がしっかりフィットし、一体となって動くこと。
・かかとを左右からしっかりと支え、着地・荷重の際、ぐらつかないこと。
・次の一歩へ進む際、足が曲がったときに、同じように靴も曲がること。
（靴の最も曲がりやすい位置と、足の曲がる位置が同じであること）
・履いた時に、フィットはしても、足を圧迫しない。
・ある程度、指が自由に動くこと。
などが挙げられます。

あおり歩行とミルキングアクション

左右の足を交互に前へ出せば、歩ける。そう考える人も多いかもしれません。しかし、歩き方によっては関節を傷めたり、足の様々なトラブルを招くことさえあります。

あおり歩行には、次のようなポイントがあります。
①かかとの中心より、やや外側から着地

②かかとのやや外側から、足裏の外側から小指の付け根にむかって体重を移動
③足の親指、人差し指、中指で地面をつかむようにしながら、後ろにけり出す

この、①~③を繰り返すことで体を前へと運ぶ、理想的な歩行が完成するのです。

この歩行ができていれば、何が良いか。正しい歩き方をすることで、血流が良くなるのです。この歩き方では、体重がかかとから足の外側へと体重を移し、足指をしっかり意識して地面を押しだす動きになります。つまり、漫然と足を前後に出すのではなく、足首から足裏の筋肉を使って歩くようになっています。

さて、血液を循環させているポンプは心臓です。血液を下半身へと送り出すのは、重力の助けがありますから容易なことですが、下半身の血液を心臓まで送り戻すのは大変な力が必要です。心臓だけの働きで全身に血液を循環させるのは、とても大変なことです。そこで心臓の働きを助けるのが、足の筋肉の動きなのです。歩行によって足の筋肉が活動することで血管を動かし、まるで乳しぼり（ミルキングアクション）のように血液を送り出すというわけです。

長時間座りっぱなしになった後、足がむくんだ、という経験をお持ちの方も多いで

しょう。これは、長時間筋肉に動きがなかったために、血液が思うように押し出されず、足に停滞して起こる現象なのです。また、エコノミークラス症候群もミルキングアクションが行われないことで起こる症状です。血流が滞ると血液中に塊ができやすくなります。下半身で生まれた塊が肺に到達し、微細な血管を塞いでしまうことで肺血栓塞栓症など、命に係わる症状を引き起こしてしまうことさえあります。

正しい歩き方をすることは、足のみならず、全身の健康にも大きく影響するのです。

（注）かかとから着地する歩き方が理想的なのは、ヒール高が5cm以下の場合です。それ以上のヒール高の場合にはかかとから着地しにくいですし、むしろ危険です。ハイヒールの時には、足全体を着地させるように歩いたほうが、安定します。ただし、その場合でも、次の一歩を踏み出す際には、親指で地面を押し出すようにすることが大切です。

シューフィッターを上手に「使う」には

シューフィッターは、

・お客様の足を計測し、観察する

・歩行の癖やトラブルを観察して「問題（O脚、X脚、歩行困難など）」を探る

・試着して、フィットしているか、あたりはないかを確認する（座った状態、立った状態とも）

・歩いてみて、歩行が改善できているか・いないか。良い歩行を妨げる要因はないかを観察する

・パッキング（調整）の必要があるか・ないか。あるとしたら、どのように調整するかを判断する

というプロセスをたどります。

そのためには、一人ひとりとじっくり向き合うための時間が必要です。誰だって自分にぴったりの靴にすぐに出会いたいものですが、自動販売機で物を買うようなわけ

にはいきません。

お客様ひとりあたりにかける時間は、それぞれの店によって設定が異なるでしょう。実際には最低1時間程度は必要です。そのため、賢くシューフィッターを利用するためには、

【サービスを受ける前に】
・予約ができるか確認して、できる場合は、必ず予約をすること。
・予約の段階で「何に困っているか」「どんな靴が欲しいのか」など、問題の概要や要望を伝えておく。

【サービスを受けるときに】
・靴の目的や用途をシューフィッターに伝えましょう。
・毎日の暮らし方、ライフスタイルについて説明しましょう。毎日行く場所はあるのか、どんな仕事なのか。外出先はどこが多いか。また、好きなファッション傾向やブランドも伝えてもらえると、より好みに合った靴を提案しやすくなります。

【サービスを受けたあと】

・のちのち、靴の修理や微調整などのアフターケアが受けられるかどうかを確認しておく。

・購入した靴を履いてみて、アドバイスされたことが反映できているかどうかを確認する。

・問題がある場合、諦めないこと。予約の上、再度靴を持参して訪問する。どこが問題だったのか、具体的にフィードバックして、善後策を相談する。

時間をかける、とはいっても、それだけでその人のすべてがわかるわけではありません。その時の足の状態によっては、必ずしも抱えている問題がすっきり解決できるとも限りません。シューフィッターの力を借りてみたけれど、一度では問題は解決しなかった。だとしても、諦めてしまうのは早いのです。良かったこと、悪かったことをフィードバックすることで、シューフィッターはその人の問題をより深く詳しく理解し、よりよいアドバイスができるようになるのです。

美しく健康で、元気に歩き続けるためには、じっくり向き合えて長く付き合えるシューフィッターに出会うことが大切です。言い換えれば、長く付き合えるシューフィッターに出会えれば、理想の一足にきっと出会えるはず。

ここからの各章で、ジャンルごとの靴について詳しく解説します。

どうか賢く靴を選んで、元気な歩行を手に入れてください。

第二章

痛くない、歩きやすい
美しいを叶える
婦人靴選び

そごう横浜店 婦人靴売場・上級シューフィッター
林 美樹

エレガントな装いのかなめ、パンプス。トレンドを意識したプラットフォームシューズやウェッジソール。活動的に動き回りたいときのローファー…婦人靴は女性のファッションには欠かせないキーアイテム。その一方で、外反母趾や巻き爪、靴擦れなど、トラブルが多いのも、また事実。賢く健康的で履き心地がいい。それでいておしゃれ！　そんな靴を手に入れるには？

婦人靴の特徴を知る

婦人靴は、靴全体の中では、特徴的な靴だといえるでしょう。もちろん、婦人靴にもいろいろ種類はありますが、もっとも特徴的なのは、かかとの高いハイヒールです。紳士靴の中にも、一部、かかとの高めのものはありますが、10㎝以上もあるようなかかとの高い靴は、婦人靴にしかありません。

当然、かかとの低い靴を履いた時と、高い靴の時では、歩き方は異なります。かかとの極端に高い靴は歩きやすいわけがありませんから、長距離を歩くには不向きということになります。

女性の社会進出が進み、昔は男性が担当したような仕事で活躍する人も増えてきました。営業職、サービス職などで、一日に長い距離を歩く人も珍しくありません。また、女性はおしゃれに気を遣う人も少なくありません。そのため、歩き仕事の人でもかかとの高い靴を愛用する人はいます。

また、婦人靴には「ファッションアイテム」である、という側面もあります。ファッションには流行もあり、かかとの高さや太さ、トー（つま先）の形。色、素材など、実に多岐にわたります。

もちろん、婦人靴はパンプスだけではありません。夏向けにはサンダルやミュールもありますし、冬になればブーツも履くでしょう。

ただ、どんなに種類が豊富であろうとも、足にとって理想的な靴、となると、ある程度の条件は決まってきます。

それは、前章でも説明したとおり、
・足と靴がしっかりフィットし、一体となって動くこと。
・かかとを左右からしっかりと支え、着地・荷重の際、ぐらつかないこと。

・次の一歩へ進む際、足が曲がったときに、同じように靴も曲がること。
・履いた時に、フィットはしても、足を圧迫しない。
・ある程度、指が自由に動くこと。

さて、お店に並んでいる靴のうち、どれだけがこの条件に合うでしょうか。

まず、ヒール高が10cmを超えるようなハイヒールは、そもそもかかとから着地するような歩き方はできません。

かかとのないミュールでは、かかとを左右からしっかり支えることは無理です。

もちろん「おしゃれを楽しみたい」「T．P．Oに合わせた装いが必要」という女性側のリクエストにも応えねばなりません。

だからこそ、大切なのは自分自身のライフスタイルや生活を十分に考慮して、

・最も長い時間、靴を履いているのはいつ・どこで・何をしているときか
・最も長い時間歩くのはいつ・どこで・何をしているときか

を考える必要があります。

例えば制服のある職業で、職場では履く靴の形や色が指定されているような場合もあるかもしれません。最も長く歩くのは、通勤なのか。それとも仕事で歩くことが多

いのか。その最も長く靴に接していて、最も長く歩く可能性のある「時」と「場所」において、どんな靴を選べばいいか、じっくり考え、相談してみるのがおすすめです。

日本女性の歩き方

通勤途中見かける女性たち。あるいは来店されるお客様を見ていて、日本人の歩き方は特徴的だな、と思います。全般に「かかと→つまさき」へと体重を移すのではなく、足の裏全体でべたっ、と前に踏み出す歩き方をする人が多いのです。これは、草履や下駄をはいた時に歩きやすい歩き方。もうとっくに草履や下駄の時代ではないのに、若い人までがそのような歩き方をするのはなぜなのか。不思議でなりません。

ただ、ひとつ言えることは、日本人は子ども時代から「靴の選び方・履き方」や「歩行」について、きちんとした教育を受けていない、というのは要因の一つかと思います。

靴を履いた時の理想的な歩き方とは、前章でご紹介した「あおり歩行」です。しかし、そもそも自分が「あおり歩行」ができているのか・いないのかさえ、大抵の人は知りません。それは正しい歩き方を「自分の体で経験していないから」です。

しかし、健康志向の高まりとともに、「正しい靴選び」と「正しい歩行」の重要性は少しずつ認識されるようになってきました。逆に言えば、「正しくない靴」「正しくない歩行」が、身体にどんな悪影響を及ぼすか。毎日の蓄積が体のゆがみにつながり、頭痛や腰痛、ひざ痛、内臓疾患にまで発展する可能性があることが知られるようになったのです。

実際私が、多くのお客様と接する中でよく遭遇するトラブル、よく受ける質問を元に、詳しく解説しましょう。

足指を使わないと巻き爪になる

正しい歩き方をしていないと、様々なトラブルが引き起こされます。代表的なものに外反母趾がありますが、その仕組みは前の章に説明があります。外反母趾に次いで多い足のトラブルが「巻き爪」です。

人の爪は、何もせずに伸ばしてゆくと、らせん状に巻いていくものなのだそうです。

歩くときにしっかり指で地面を押して、指に圧力がかかれば、爪が巻こうとする働きへの抵抗になります。ところが足の指がきちんと使えていないと、指に圧力がかかりませんから、爪は自然にくるりと巻き込みはじめ、肉に食い込んで痛い思いをすることになるのです。

では、手の爪はどうでしょうか。手の指は日常的に、何かをつかんだり、持ち上げたり、抑えたり…とさまざまな場面で圧力を受け続けています。体重をかけるほどの大きな圧力ではない代わりに、頻繁に使われることで、やはり爪が巻こうとするのを防いでいるのです。

手も足も、使うことで爪が巻くのを防いでいる。その証拠に、長い間寝たきりになっている人の足の爪は、巻き爪が多いようです。

では、どんな靴を選べばいいの？

そもそも、なぜ、足は痛くなるのでしょう。

多くのお客様と接してきた経験と、足と靴について学んで得た知識から申し上げると、諸悪の根源は「靴の中で足が動くこと」。特に、ハイヒールなどで足が前へ前へとずれることが、足のトラブルを引き起こしているのです。

ヒールが高い靴＝かかとが高い。ゆとりのあり過ぎる靴では、足は前へと滑ってゆきます。また、足全体が前に進んでしまうことで後ろに隙間が空き、かかとが浮きやすく、靴が脱げやすくなります。そんな状態では、当然歩きにくいですし、体は滑るまいとして、無意識に踏ん張ります。指が縮こまり、不自然な力が入ります。その状態で仮に１０００歩、歩いたとすると、１０００回、無駄で不自然な力が加わることになります。そのおかげで、足全体からふくらはぎにかけて、異常な痛みや疲れを感じるようになるというわけです。また、つま先がどんどん前へと滑ることで、指でしっかりと地面をけることができなくなってしまいます。結果、あおり歩行ができず血行不良になり、やがては足の冷え、腰痛にまで発展することもあるのです。

では、どんな靴を選ぶのが理想なのでしょうか。理想的な靴の条件を書き出してみましょう。

・ある程度指が自由に動くこと

すべての指が動くのが理想ですが、最低限、親指がしっかりと地面を押し出せることが大切です。

・靴が柔軟に曲がること

足が曲がるのに同調して靴が足の動きについてくるのが理想です。指の付け根付近の、足が最も曲がる部分をボールジョイントといいます。つま先から（あるいはかかとから）ボールジョイントまでの距離は個人差がありますが、靴そのものが柔軟に曲がる、そのポイントが、足のボールジョイントと限りなく一致しているのが理想です。

・脱げにくい靴であること

ボールジョイント、ストラップ、かかとの3か所で、しっかりと足をホールドしてくれること。足の動きに合わせて靴が柔軟に曲がり、フィットすることで、脱げにくくなります。

そんな理想の靴に出会うために、みなさんが勘違いしがちなポイントを一問一答でお答えしましょう。

■ヒールの低い靴を選べば楽ちんなの？

確かに、ハイヒール（ヒール高5㎝以上のもの）は、決して歩くのに適した靴とは言えません。ハイヒールパンプスとは、装飾性が高いもので、歩くという実用に向けて作られてはいないのです。

かといって、ほとんどヒールの高さのない「ぺたんこ靴」（バレエシューズタイプ）なら楽か、といえば、決してそうとは言い切れません。

まず、縦アーチがしっかりと上がっている人は、ぺたんこ靴は苦手です。多少ヒール高がないと、かえって疲れてしまうのです。

横アーチが崩れている人は、ぺたんこ靴でも履き込みが浅い靴、いわゆるバレエシューズと呼ばれるタイプのものは苦手です。履き口が広いため、足首もボールジョイントもしっかりホールドしてくれません。そのため、脱げやすく、疲れるのです。横アーチが崩れている人がヒールの低い靴を選ぶ場合は、履き込みが深いローファーのような靴、あるいはアンクルストラップなどで足首を保定してくれるようなタイプを選びましょう。

■幅の広い靴を選べば痛くならない？

横アーチの崩れた足は、足幅が広くなります。そのため、幅広の靴を選べば楽だろう、と考えがちなのですが、これも勘違いです。幅を合わせることも大切ではありますが、アーチが崩れていると、甲の高さが低くなっているのです。そのため、幅だけを合わせてしまうと、足の甲と靴の間に隙間が空いてしまう場合があるのです。そのような状態では、たとえヒールが低くても、靴の中で足が動いてしまいます。それでは、脱げやすくなりますし、無駄な力が入って疲れることに変わりはありません。

■それでもおしゃれをあきらめたくない！

シューフィッターの立場から言えば、足にも健康にも優しくて歩きやすい靴、というと、ヒールが5cm以下で、足首付近でしっかりホールドするベルトつきか、あるいは紐靴、ということになります。しかし、それでは満足できないのがおしゃれに敏感な女性のお客様です。そこで私はいつも、まずお客様のご要望を優先します。その範囲で、より、楽に歩ける靴、お客様の足に合ったものを選んで提案する。それがシューフィッターの仕事だと思うのです。

■靴底の柔らかい、足に同調する靴がいいというけれど、厚底靴が欲しい場合は？

つま先の靴底も分厚く、ヒールも高い。日本の「ぽっくり下駄」のような形状の靴をプラットフォームシューズといいます。また、ヒールからつま先に掛けてくびれのない、靴底がつま先からかかとまで一体になったタイプをウェッジソールといいます。

これらのデザインは全般に靴底が分厚い＝厚底ですので、普通のパンプスなどに比べて、靴が曲がりにくく、足の動きには同調しずらくなります。

■靴は夕方に買うのがいい、は、本当ですか？

夕方になると足がむくむ。だから、その時間に靴を買うのがいいのだ、と信じている人は多いようです。

実際、夕方に足がむくむ、という女性は全体的に多いのですが、それでも約2割の人は、むしろ朝方に足がむくむ人。さらに2割は、一日の中で、あまり変化のない人と言われています。どの時間帯に足がむくみやすいのか、一番よくわかっているのは、ご本人ですよね。もしも、あまりよくわからない、という方がいらっしゃるならば、その方は「変化のない人」かもしれません。

むくんでいるときと、すっきりしているとき。どちらが靴を買うのに適しているのか、といえば、私はむくんでいるとき、と思っています。むくみのないときに合わせて買って、途中でむくんで来たら、痛い思いをするからです。ただ、足のむくみ方は人それぞれ。どの程度むくむかも個人差があります。むくみが引いたら靴がぶかぶか、では困ります。そんなときは、中敷きや滑り止めを用意して持ち歩き、靴がゆるくなって来たら、そうしたものをあてて補正するよう、ご提案しています。

■せっかく選んだ靴なのに…やっぱり痛くなってきた！

靴でも洋服でも、使い続けていくうちに、形は変わります。多少伸びて、ゆるむようになりますし、型崩れもします。柔らかい素材でできた靴ほど、伸びるのも早いものです。ゆるんだ結果、脱げやすくなったり、足が動いて当たりやすくなって痛みの原因になることも。そんなときは遠慮なく、お店までお持ちください。シューフィッターは靴を補正する技術を持っています。足に再びフィットするように微調整します。

シューフィッターと上手に付き合うには

■お客様の足と靴を見て、わかること

私たちシューフィッターが、お客様の靴選びの相談に乗るとき、まず見ているのはお客様の足。そしてお店まで履いてこられた靴です。もちろん、足のサイズ（足長、足囲、足幅など）はきちんと計測しますが、データがすべてではありません。測ってみたら23・5㎝の2Eだった。だからと言って、在庫から23・5㎝の2Eのみをせっせと運んでくるようなシューフィッターは失格だと思います。

まず、足を見れば、アーチが落ちているかどうか、指を使って歩けているかどうか、すぐにわかります。また、履いてきた靴のかかとの減り方を見れば、歩き方の癖やトラブルまで、ある程度わかります。

大体、人間の足は外側から着地するようにできています。なので、かかとの外側が減るのは自然なこと。また、後ろが減っている人もよく見かけます。そういう人は、足が内側に傾いている人。こういう人は、かかとから着地して体重が内側へ移動する

ので、縦アーチが崩れかけている証拠。あまりよい状態とは言えませんが、正しい靴を選ぶことで、アーチの崩れを食い止めることはできます。

まれに、かかとの内側が削れている人。足全体が内側に倒れこみ、縦アーチがつぶれてしまっている。足に障害が出始める寸前でしょう。

そんな風に、お客様一人ひとりの足の特徴、癖、正確に計測したサイズを元に、ご希望に沿って、靴を選ぶお手伝いをします。

■お客様の感覚を見極める

もう一つ、大切なポイントがあります。それはお客様にしかわからない、感覚を見極め、尊重することです。

ぴったりめの靴がお好みの方もいれば、ゆったりめが好きな方もいらっしゃいます。本来はぴったりのほうが、結果、楽で、足にとっても一番いいに決まっているのですが、あいにく、8割近い方々が「ゆったりめの靴」のほうが楽だと感じているのです。そこを斟酌せずにぴったりの靴を勧めてしまうと、お客様はぴったりの靴に慣れていませんから、痛みを感じて耐えられなくなります。「プロに選んでもらったはずなのに…」とシューフィッターに対して不信感を抱いてしまいかねません。痛い思いをした靴は登場の回数が減り、かといって捨てるにはもったいなくて、玄関に置きっぱなし…という運命をたどります。

そんなとき、どうするか。お客様が感覚的に慣れている「ゆったりめ」の靴を選び、少しでもよりフィットするように調整して販売するのです。今までよりも少しだけ、「ぴったりめ」に寄せた靴。お客様が日々使って、耐えられる程度に抑えた靴。そうしたお客様は不思議と、次の靴を買いに来られた時、「前回よりもう少し、ぴったりフィットするサイズにしてください」とおっしゃいます。

前回、試し履きして「小さすぎていや」と敬遠したサイズを希望されるのです。足がぴったりフィットする靴に慣れて、従来の「ゆったりめ」では気持ち悪い、と感じるようになる。ぴったりの靴がいかに楽か、私はそんな状態を「足がわかってくれた」と表現しています。

■お客様の希望を叶えてあげる

「足に良い」「歩きやすい」だけでは、お客様は満足しません。お客様はおしゃれがしたいのです。どんなに歩くのに不向きでも、７㎝や８㎝のヒールパンプスが履きたいのです。ストラップがついていたり、ヒールが５㎝以下だったり、紐靴だったり…ではイヤなのです。だったら、お客様の望むデザインの中から、最大限、その方の足の特徴に合ったもの、歩きやすく脱げにくい靴を探し出しておすすめするのが、シューフィッターの仕事です。たとえ「ベスト」でなくても、微調整することで「ベター」に近づける。足の痛みや外反母趾、巻き爪を食い止めることはできるはずです。足は一人ひとり、違います。そのためにも、おひとりずつ、じっくりと時間をとって、コンサルティングします。それによって、１日に対応できる人数が限られるので、非効率かもしれません。しかし、時間をかけてコンサルティングをする一流のシューフィッターがいることで、そのお店がお客さまの信頼を勝ち取ることができます。頼りにされ、靴を買うならここで、と言っていただけるようになる。それが私の役割であり、価値なのだと思っています。

■シューフィッターは「主治医」

年に一度、健康診断を受けるように、定期的に歯の検診を受けるように。シューフィッターにも定期的に相談することをお勧めします。というのも、足というのは常に変化しているからです。体重も変わらないし生活も変わっていないのに、それまで履けていた靴が、急につらくなることがあります。痛くなかったのに、当たるようになった、という話も聞きます。それは足のアーチの状況が変わってきたからなのです。

たとえばダイエットをしたとします。運動量を増やしてシェイプアップした場合と、単純に食事を減らして減量した場合とで、同じだけ体重が減ったとしても、足の形には違いがあります。「私は23・5㎝の2Eだから」とサイズだけを過信せず、定期的にシューフィッターに相談すること。持っている靴でも、合わなくなって来たら補正を相談すること。これが、お気に入りの靴を長く愛用し、楽に歩けるおしゃれな靴を手に入れる秘訣なのです。

第三章

ファッション性か実用性か機能で考える紳士靴選び

わかまつ靴店・上級シューフィッター・義肢装具士
召田憲司

婦人靴ほどのバリエーションはない、といわれる紳士靴。しかし、昨今のメンズファッションはより多彩になってきているし、ビジネスシーンにもファッショナブルな靴が多用されるようになりました。伝統的な意味でのフォーマルとカジュアルの垣根が、低くなってきているとも言えるでしょう。また、東日本大震災以降、「歩く」機能にもさらに注目されるようになりました。ビジネスシューズにウォーキングシューズ的役割も期待されるようになったのです。

素材・機能ともに進歩著しい紳士靴

一昔前までの紳士靴は、比較的フォーマルでスタイリッシュ、ドレスシューズと呼んでも差し支えないようなエレガントなものが主流でした。素材はアッパーから底材にいたるまで「本革」。高級な靴になればなるほど硬く滑らかな皮を使ったものです。

そうした高級紳士靴の特徴は、非常に硬いこと。長距離を歩くことは想定されていませんでした。

現在も、そうしたスタイルの靴は健在です。むしろ、若い世代でファッションに敏感な人に人気があります。しかし、従来の紳士靴と現在の商品には、大きな違いがあります。それはなんといっても、素材の進歩です。

まず、底材。従来どおり、高級靴は革を使用していたりもしますが、かかと部分や、地面にグリップする底面全体にはゴムや樹脂などの素材が使われています。

昔に比べ、そうした素材が格段に進歩して、登山靴などに使用されるような「丈夫」で「軽量」な素材がビジネスシューズにも使われるようになりました。

また、接着剤の性能も向上していて、革と樹脂などの異素材も強力に接着。すっきりとスマートな仕上がりで、高い耐久性を実現できるようになりました。

最も変わったのは、素材そのものでしょう。以前の合成皮革は防水性能には優れるものの、靴の中にこもった汗や湿気は発散されませんでした。現在の合成皮革は天然素材並みに湿度や空気を呼吸する上、耐久性もあり、何より軽量です。そのため、本革製かと思うほど美しいドレスシューズも作られるようになりました。

こうした素材の進歩のおかげで、見た目は昔ながらの紳士靴でありながら、丈夫で軽量、歩きやすい靴が増えているのです。

こうした、昔ながらの紳士靴は構造は非常にシンプルです。そのため、かかとのすり減りなど、傷んだところを部分的に交換して、長く使うことができます。

また、東日本大震災以降、大きく存在感を増してきているのが「ウォーキングシューズ的要素」のあるビジネスシューズです。スラックスの裾から覗くつま先のたたずまいは一般的な紳士靴ですが、靴全体の構造、ことに底部やかかとについては、長距離を歩くことを考えてさまざまな機能が盛り込まれています。

まず、底部分は全体的に発泡樹脂素材。そして、かかとが接地したときの衝撃を和らげ、膝への負担を軽減するため、さまざまなクッション材が仕込まれています。全体に硬い皮革製紳士靴と違って、足の屈曲に靴が柔軟についてくる構造になっているのも特徴的です。メーカーによっては、靴底の前方屈曲部分にプレート状の高反発素材が内蔵されているものもあります。歩行中の蹴り出し時に、ぐっと靴底が曲げられると、このプレートが戻ろうと反発し、その力で脚を前に押し出すことで歩行を補助し、疲れを軽減します。

ウォーキング的要素のある靴では、ヒールカウンター部分はより強固な素材で作られ、後ろからかかとを包み込むようにしっかりとホールドし、左右のぐらつきを防いでくれます。これにより、より安定した歩行が長距離にわたって可能になりました。より軽く、疲れにくい、歩くための靴なのです。

このように「歩くための機能」が豊富に盛り込まれた現在の紳士靴ですが、古典的な紳士靴に比べ作りがより複雑になっているため修理して履くのには適していません。

男性にも外反母趾？　間違いだらけの靴選び

外反母趾なんて、ハイヒールを履く女性に特有のトラブルだと思っていませんか？実は昨今、外反母趾やかかとから脚にかけてのゆがみなど、足のトラブルは男女を問わず起こっています。

男性は全般に、実際の足よりも大きい靴を履いている人が多い傾向にあります。ゆとりのあり過ぎる靴で歩き続けると、足が中で遊び、動いてしまいます。前後、左右に安定しない状態で長距離を歩くと、無意識のうちに、足指は安定した歩行をしようとふんばって、無理な力がかかります。また、どんな靴も、つま先に行くにしたがって細くなるようにできています。歩みを進めるうち、高低差がなくても、足は前へ前へ、狭いほうへと押し込まれていきます。さあ、そんな足のトラブルを避けるには、どうしたらいいでしょうか?

靴紐は毎回結びなおしてますか?

ビジネスシューズでもスニーカーでも、最もよく見かけるのが、結びっぱなしにした靴紐です。脱ぎ履きのたびにほどいたり、結びなおしたり。その手間を惜しんで、スリッポンやローファーを履く感覚で足が出し入れできるよう、靴紐を結びっぱなしにしている人は多いのでは? もちろん、結んだままで脱ぎ履きできないといけませんから、紐はユルユルの状態です。それでは、足をしっかり固定することができません。靴の中で前後左右、足が動きます。細い部分へとつま先が詰まれば、細い部分に足があたり、痛い思いをします。靴擦れができることもあります。靴紐はきちんと引き締めて、足首や土踏まずのウエスト周りをしっかり固定すれば、そのようなトラブルは起きないのです。

スニーカーと同じサイズを買っていませんか？

ご自分の靴のサイズはひとつだと思っていませんか？　スニーカーとビジネスシューズや紳士靴では、そもそもの作りも形も違います。また、スニーカーはつま先付近から編み上げになっていて、多少のサイズのプラスマイナスは紐の締め具合で吸収できてしまいます。一方、きちんと形の決まった紳士靴では、そうはいきません。

自分の足のもっとも幅の広い場所と、靴の最大幅の位置があっているかどうか。足が靴中で無駄に動くことなく、適度なフィット感のある靴を、試着して探してみましょう。これだ、と思える靴が見つかったら、サイズを見てみてください。もしかしたら、普段スニーカーで履いているときとは、違う大きさかもしれませんよ。

意外と多い「臭いの悩み」

成人男性の足や靴は「臭いもの」。そんな風に揶揄されるのをよく見かけます。しかし、本当に足に合った靴を、きちんと手入れして履けば、悪臭の原因になるようなことはありません。

靴や足の臭いの原因は、汗と、そこに増殖する雑菌です。

人間の汗には2種類あります。

体温を調節するために出るエクリン汗腺から出る汗は、車のラジエーターのようなもの。この汗は無色・無臭です。

もうひとつがアポクリン汗腺。こちらは外陰部や腋窩（わきの下）など、ごく一部のエリアに集中しています。毛根の途中に開口しているため、汗の成分には脂肪酸などの有機物が多く含まれ、長時間放置すると雑菌が繁殖しやすくなります。

さて、こう説明すると、足の臭い＝アポクリン汗腺からの汗、と思われがちですが、実際、足にはアポクリン汗腺は存在しません。ではなぜ、臭うのか。それは、やはり汗を放置することで雑菌が発生、バクテリアが繁殖することによって起こります。

過去の実験によれば、靴を8時間履き続けた場合の、靴下に付着した汚染細菌数と汚れを計測してみると、特に足趾（指）部分と土踏まず部分、踵（かかと）部分に多いことがわかっています。すなわち、もっとも汗をかきやすい部分、ということです。

足に合わない靴を履くと、足は緊張します。不要な筋肉を使い、変なところに力が入って疲労します。結果、汗をかきます。

おまけに合成皮革の靴などでは、水分がうまく蒸発できなかったり、換気できないことから蒸れる場合もあります。しかし、こうした困った状況にも解決策はあります。

足と靴を清潔に保つこと。それがひいては、靴の手入れにもつながります。次のことを、ぜひ心がけてみてください。

・毎日、足指の間まで丹念に洗う
・はだしで靴を履かない
・靴下は天然繊維のものを使用。できれば五本指のものが望ましい
・靴下は毎日替える
・他人と履物を共用しない
・靴は二日以上、続けて履かない（1日履いたら、1日休ませる）
・通気性のよい靴を選ぶ
・濡れた靴をそのままにしない（きちんと乾燥させる）
・足に合ったサイズの靴を選ぶ

男性こそシューフィッターに相談を

自分のサイズを勘違いしている人。靴が足に合っておらず、歩くたびにかかとがカパカパと浮く人。よく見かけます。そんな状態は楽なようでいて、長時間歩くと疲れるはず。一度シューフィッターにきちんと計測してもらい、アドバイスを受けるのがおすすめです。

では、シューフィッターはどこを見ているのでしょうか?

・お客様が来店したときに、履いている靴

↓つま先がすれていないか

階段を上るとき、上の段につま先がひっかかったりすると、靴のつまさきは傷みます。これは、足が上がっていないか、あるいは実際の足より大きすぎる靴でつま先が余っているか、のいずれかです。

↓かかとの減り方は?

極端に片側だけが減っている場合などは、骨格全体のゆがみが考えられます。ひどくすると、膝、股関節、腰、肩…と上半身にまで影響が及びます。あまりに問題がある場合は、特殊な中敷きを調整して、土踏まずを下からささえ、身体の傾きを補正する必要があるかもしれません。

↓かかとは後ろからしっかり保定されているか

かかとが靴から左右にずれて、落ち込んだりしていないか。しっかりと靴がかかとを支え、ホールドしているかをチェックします。

女性ほどファッションにバリエーションがない男性は、一足、「これ！」と決めたら、何も疑わずに同じ靴を買い続ける傾向があります。その一足が自分の足に合わないと、トラブルからも逃れられないというわけです。お客様の足を計測すると同時に、何が問題なのか、すぐにも手を打たなければならないことはないか。順番に判断して、ベストな解決策を見出すのが、シューフィッターなのです。

そこで、これまでのさまざまなケーススタディから、よく聞かれるポイントをお伝えしましょう。

■仕事柄よく歩くのですが、どんな靴を選べばいい？

どんなタイプの靴であれ、運動しやすい靴ほど、履き口が低く、くるぶしがむき出しになる形状になります。足首の多彩な動きを邪魔しないためです。しかし、その分、足首はむき出しになりますから、安定した歩行を支えてくれるホールド感は薄くなります。

そのため、ウォーキングシューズタイプのビジネスシューズでは、履き口まわりにパッドを入れて厚みを持たせ、低いなりに、かかとまわりをホールドするようにできています。

■靴の履き口がくるぶしに当たって痛い！

人間のくるぶしは、内くるぶしと外くるぶしがあります。そして構造上、かならず外くるぶしのほうが低い位置にあります。それを前提として、靴を観察してみましょう。靴を水平な床に置き、履き口に定規のようなまっすぐな棒を左右に差し渡してみてください。もし、棒が床と水平になるようなら、間違いなく外くるぶしが当たるはずです（よほど履き口が低くない限り）。こうしたトラブルを避けるためには、必ず試し履きして、数歩、歩いてみることです。

■履き心地の良い、柔らかい靴が欲しい

素材によっては、柔らかな履き心地の靴もあるでしょう。けれど、何度も言うようですが、かかとのホールドだけはしっかりと。後ろからかかとをホールドする「月型」というパーツがあるのですが、これがしっかりしていないと、かかとの内倒れ・外倒れを支えることができません。また、靴全体の型崩れを防ぐには、ある程度硬さのある素材で支える必要があります。靴そのものが柔らかいのか、当たりが柔らかいのか（履き口にパッドが入っているなど）、どちらが自分の希望にあっているのか、見極めましょう。

■靴はいつ買うのがいい？

一般に、朝の足はすっきり、夜の足はむくみがち、と言われます。が、これも個人差のあること。また、朝と夜とで差が大きい人もいれば、あまり変わらない人もいます。もしも極端にむくむタイプでサイズも大きく変わるタイプならば、一番むくみやすい時間帯か、その少し前のタイミングが良いのではないかと思います。まずは一日の足の状態を観察して、同じ靴がゆるい（きつい）時間帯を探りましょう。

■シューフィッターとどう付き合えばいい？

まずは一度、見てもらうことをお勧めします。自分の思い込みや先入観を捨てて、正確に計測してもらうのがポイントです。第一章で紹介したとおり、シューフィッターは足長、足幅だけでなく、何か所にもわたって事細かに、足を計測します。また、重心のかかり方や骨のゆがみまで、見てもらえます。その上で、ご自身に最もフィットする靴を選んでもらうことが可能です。人の官能評価は意外とあいまいなもの。試し履きをしてみても、「履けるか・履けないか」だけで判断しがちです。まずはアドバイスの上で「本当に自分の足にフィットした一足」を正解として知っておけば、シューフィッターのいない店で買い物をするときにも役に立ちます。

■体の不調は靴のせいかも？

これは紳士靴に限った話ではありませんが、足が痛い、腰が痛い、などの症状で病院に行っても、原因が突き止められないことがあります。レントゲンを撮っても、骨に異常はなし。炎症も取り立てて起こっていないのに、患者は苦痛を感じている。そんな場合、身体に合う靴に変えた途端に症状が改善された、というケースも珍しくありません。

残念ながら、現在、靴について詳しく取り組んでいる医療従事者は決して多くはありません。靴は当たり前に履いて暮らすもので、靴が不調の原因になったり、または改善のカギを握っている、と考える人は少ないと思います。

私の取得した義肢装具士の資格は、事故などで手足を失ったり、病気が原因で体の機能が低下した人に対し、義肢（義手や義足など）や装具（コルセットやインソール、靴など）を装着し、本来のバランスや運動機能を少しでも取り戻すお手伝いをする仕事です。人間の体は全身の器官が相互に作用しあい、バランスを取ることで機能しています。時に靴も、その大切な一部を担っているのです。

理想の靴とは「履いているのを忘れる靴」。「あ、軽い！」と思っている靴はベターな靴かもしれませんが、軽い、と意識している時点で、まだ靴に気を取られています。一日履いても疲れない、痛くない靴で、健康的な毎日を送ってほしい。

そのためには、シューフィッターと積極的に付き合い、自分の体と足のことを知っていただきたいのです。

第四章

人生を左右しかねない子どもの靴選び

かかりつけシューフィッターの子ども靴専門店
ジェンティーレ東京・上級シューフィッター
寺栦敦行

「人生を左右」だなんて大げさな…と思われるかもしれません。実は日本は、広く国民が日常的に靴を履くようになってから、わずか100年あまりで、子ども靴に関する知識の浸透度では「後進国」。子ども時代を思い出すと、毎日駆け回って遊び、学校では上履きを履いた記憶がよみがえる人も多いでしょう。けれど、ちょっと待って！　実は日本の伝統的な子どもの靴選びが大問題なのです。近年、多くの学会で発表される論文にも、すでに幼稚園児の8～9割が内反小趾であるとか、外反母趾も2割みつかったという調査報告など、笑えない話も出ています。生涯にわたって、自分の足を使って、行きたいところに歩いて行ける健康な足になるには、一体、いつから、どんな靴を履かせてあげたらよいのでしょうか。

子どもの足と大人の足

幼児期の足は、大部分が「軟骨」なのです。発達するにしたがって硬い骨になってゆき、最終的に完成されるまでに14～18年かかると言われています。また、足の骨格や関節の柔らかさなどには、遺伝も強く現れます。機会があったら、お子さんと、またはご両親と、足を見比べてみてください。

指の形は扇状に広がり、筋力が未発達のため、座っている状態では土踏まずを確認できますが、両足で立ち、体重がかかると、偏平足のように土踏まずは隠れてしまいます。人間の足の骨格は、生まれてから10歳ごろまで、急速に変化しながら発達して行きます。それまでは骨も関節も柔らかく、不安定になりやすい状態が続いています。筋力が発達し、関節がしっかりして骨が安定するのは、中学3年生から高校生ごろなのです。

それまでの間の子ども靴時代を、どう過ごすのか。それこそが「子ども靴選び」を考えることに繋がります。

子どもに履かせたいのはこんな靴

子ども靴の大切な役割は、不完全な足を守りながら鍛えてゆくサポートをすることです。一口に子ども靴と言いますが、成長の過程に応じて少しずつ変わってゆきます。

1．ファーストシューズ（初めての外歩き用の靴）

文字通り、生まれて初めての靴のこと。赤ちゃんサイズの靴は本当に可愛らしく、出産祝いのギフトにされる方も多いアイテムです。記念撮影や飾り用として使用するのは否定しませんが、シューフィッターの立場からすると、本当に靴が必要なのは本格的に歩き始めてから。目安は靴を履いてもしっかりと足が持ち上がるくらい筋力が発達してきたころ。家の中で１人で３ｍ以上歩けるようになってから買うのがおすすめです。

また、この時期は劇的に足が大きくなります。最初の一足が履ける期間は目安として約１～２か月ほど。もったいないから、といつまでも履かせるのは足の成長にも、歩き方にも悪影響をおよぼします。

歩きはじめのころ、多くの場合、脚のラインは正常なO脚期です。歩きはじめ３か月未満の歩き方は、ひざを曲げ、足を広げて左右に重心を移動させてバランスをとりながら、足裏全体で接地をする「よちよち歩き」です。つま先の形は足の形に添った扇形、左右にしっかり踏ん張れて、足にしっかりフィットするように、かかとの深さはくるぶしが隠れるぐらいの高さの「ハイカットタイプ」がおすすめです。足のつき方も不安定なので、靴底の厚みは薄めで、安定感があり、滑りにくい素材のものを。赤ちゃんの足の動きにフィットするように紐やベルクロ（面ファスナー）でしっかりと足を固定できるものを選びます。

2．1〜3歳のベビーシューズ

歩き始めて3か月が過ぎると、開いていた両足の間隔が次第に狭まり、膝を持ち上げて歩くようになり、ペンギンのような横への重心移動は減っていきます。まだ足裏は全体接地ですが、それまでの「よちよち歩き」から、スムーズな「トコトコ歩き」に変化してきて、足の骨格や歩き方にも個人差が現れてきます。脚のラインはO脚からまっすぐを経て、X脚に向かう時期。このころは体重が足の内側にかかり、かかとの骨が内側に倒れやすくなるため、かかとのホールド感も重要になってきます。靴のかかと部分にしっかりとした芯材が入っているハイカットタイプ、またはミドルカットタイプで、弱い足首がぐらつかないように支えます。このころから、小走りが始まるので、つま先にそりがある靴を選びましょう。

3. 3歳~小学校入学前までのチャイルドシューズ

3歳から小学校入学前にかけては、足の形成にとって非常に重要な時期となります。全身を支える、足のアーチが形作られるのがこの年代なのです。アーチがしっかり形成されないと、足の運動性、衝撃吸収性にも影響してしまいますので、この時期の靴選びは非常に重要なのです。階段の上り下りに加えて、走ったり、跳んだりと運動能力も増してくるので、ポイントは安全性やかかとのホールド性に加えて、足の曲がるべきところで靴底が曲がる靴であること。また、ウエスト部分（足のくびれた部分）でしっかり止まり、靴の中で足が動かないことなどが挙げられます。ベルクロ（面ファスナー）式ベルトは、ワンタッチ式よりも折り返し式の方がしっかりと足にフィットさせることができます。脱ぎ履きを簡単に済ませられるスリッポンタイプは、足をしっかりと固定することができないので、お勧めしません。

4. 7~12歳ごろのジュニアシューズ

小学生時代に該当する年代です。年々、体力もつき、より複雑な運動をするようになります。歩くだけでなく、走る、飛ぶなど運動の量も質もバリエーション豊かになってきます。靴も、そんな変化に対応したものでなければなりません。この時期になると、アーチの形成はほぼおさまってきますが、本格的なスポーツをしている子どもは、スパイクの着用や激しい運動によって踵骨骨端症（しょうこつこったんしょう）になることもあります。まだまだ柔らかいかかとを保護するため、この時期の靴には高いクッション性が求められます。かかとも厚くなり、靴底全体も厚めに、衝撃緩衝材が取り入れられているものもありますが、柔らかすぎるクッション材やソールは、着地時に体重を十分に支持できず、足首に過度な衝撃が加わって、傷めてしまうことも。必ず買う前に、試し履きをしてチェックしましょう。いわゆる歩行用の靴とスポーツシューズを使い分けるようになるのもこの時期からです。

子どもなのに外反母趾？

外反母趾は、大人の、それもハイヒールを履く女性に多い病気だと思われがちですが、実は子どもの足にも起こっています。まして未完成で柔らかい子ども足ですから、大人よりも変形しやすいといえるでしょう。

日本の子どもの外反母趾の原因のひとつは、幅の広すぎる靴を履いていること。最近の子どもは特に、足が細い、足囲の小さい子が多いのですが、日本の子ども靴市場では、足の細い子用の靴は、大手スポーツメーカーを含めても、ほんの3、4型しかありません。これが「日本は子ども靴後進国」だと呼ばれる大きな要因です。そのため、足の長さに合わせて靴を買うと、どうしても幅が余ってしまいます。その結果、靴の中で足が安定せず、歩く・走るなどの運動で足が前に詰まってしまったり、正しい歩き方ができずに、足の骨格が歪んでアーチが落ち込んでしまうことになります。女性のハイヒールで起こっているのと同じトラブルに見舞われて、外反母趾が起こるのです。

もうひとつの原因は、やはり足囲が細いために、小さい靴でも履けてしまうことで起こるもの。長さのちょうどいい靴を履くと、細いために幅が余る。それを「大きい」と感じて、さらに小さい靴を選んでしまいます。すると足に合ったような気にはなるのですが、長さは足りないので指が縮こまってしまいます。結果、外反母趾やハンマートーになってしまうのです。指定通学靴として多くみられる「ローファー」は、足の細い子にとっては要注意。お勧めできません。また、学校生活で長時間着用する「上履き」は、細い幅のタイプがひとつもありません。それどころか、サイズ展開も1㎝刻みという学校指定靴も存在し、ぶかぶかな上履きを履いて体育の授業や運動会に参加させている学校がいくつもあります。

これでは、健やかな成長どころか、足の様々なトラブルを作る元凶と言えるでしょう。特に、お母さん、おばあちゃんに外反母趾のあるお子さんは、同じく外反母趾になりやすい体質が遺伝しているので、幼少期から注意が必要になります。

靴の先進国・ドイツの子ども靴事情

ヨーロッパ、特に靴の先進国ドイツでは「子どもの足の成長と体の健康にとっては履かせる靴が重要である」ことを、両親がよく認識しています。そのため、小さな子にスニーカーは履かせません。10歳ぐらいまでの子どもの足の骨は柔らかく、確定していないのです。そんな状態で、しっかりした支えもなしに駆け回ったら、どうなるか。理想的な形で骨格が固まるまで、構造のしっかりとした革靴、それもできれば、足首までホールドするハイカットか、ローカットであってもかかとがしっかり支えられる靴を履かせます。体重を支える元となる、足首がしっかりするまで、かかとの骨がまっすぐ整うように過ごします。ここでゆがみが生じてしまうと、人間の体はそれを正そうとしますから、足首のゆがみを膝が直そうとし、膝にかかる無理を股関節で修正しようとし、股関節への負担が腰、背骨、肩、首へと影響を与えるのです。いかに足首が大切か、お分かりいただけるでしょう。

ちなみに、ヨーロッパでは学校での室内履きも同様です。外履きと同じ靴を、ただ、土足ではない、室内用として履くのです。

さて、日本の状況はどうでしょうか。もともと、家の中ではだしで過ごすために、脱ぎ履きに手間のかからない草履や下駄文化であった日本では、実質的に外を歩く靴は、幼児用のスニーカーか、脱ぎ履きの楽なスリッポンタイプ、あるいはワンタッチ式の面テープ付きベルトの運動靴でしょう。そして、幼稚園や小学校に進学すると、上履きを履くようになります。この上履きというのが決して褒められたものではないことは、前にご説明しました。45年前、私の幼稚園時代から、同じタイプの上履きがいまだに多くの学校で、指定靴として使用されています。ただ、履きやすい利便性だけを考えて作られたもの。底材は塩化ビニールや合成樹脂で、ぐにゃぐにゃとどこでも曲がります。また、足の甲部分は単純にゴムになっているだけで、ほとんど押さえにもなっていないため、甲や足首をホールドする力はありません。かかとを包み込んで支える力もないので、内倒れ・外倒れを支えることもできません。学校へ通う間、一日の大半を履いて過ごす靴ですから、上履きこそ、学校指定でなくてもよいのなら、確かな品質のものを履かせてあげたいものです。

骨格のゆがみは立つ前から始まっている？

最近は、赤ちゃんをおんぶするお父さん・お母さんを見かけなくなりました。代わりによく目にするのが、スリングです。しかしこのスリング、正しく使えていない人が多いのも事実です。

赤ちゃんをハンモック状に包んで、横抱きにしている人を見かけますが、これでは股関節を片寄せの体勢にしてしまいます。生後1年までは、股関節もまだ柔らかい状態。ごく自然に股関節も膝もM字型に開いておいてあげるのが、一番良い時期です。

それを片側に引き寄せるようにすると、股関節が不自然に伸びてしまい、脱臼しやすくなる場合もあります。さらに日本人の女性は、股関節のお皿が浅いため、男性よりも脱臼しやすい傾向にあります。まだ立つこともないうちから、足や脚部にゆがみが発生、X脚傾向になってしまうかもしれません。

また、たまにではありますが、生後1年未満のお客様で、すでに足の形にゆがみがあるお子さんがいらっしゃいます。まだろくに歩いてもいないのになぜ？　と思われるでしょう。これは先天的なものです。新生児の定期健診でも、あまりにかすかなゆがみなので見過ごされたり、多少大きく歪んでいても「まだ関節も骨格も固まっていないから、問題なく成長するでしょう」と結論づけられてしまうケースが多いのです。

もちろん、将来、歩行に困難が生じるほどのゆがみならば、検診で放っておかれるわけはありません。しかし、もしもゆがみに気付いたのであれば、まだ小さいうちに、生活習慣の改善や、靴や中敷きの力で、無理なく補正してあげることができるのに。そう考えるともったいないな、と思わざるを得ません。

赤ちゃんの抱っこは、お母さんの一大注意点。注意喚起するプリントを小児科で配っているのをいただいたことがありますが、本来なら産科で配るべきものだろうと思います。

幼児・子ども専門シューフィッターってどんなことをするの？

私の店は完全予約制で看板も出しておりません。ほぼ一人でやっていることもあり、また、おひとりのお客様に最低でも1～2時間は必要だからです。目立った場所にお店を出しているわけでも、派手な宣伝をしているわけでもなく、口コミがほとんどですが、みなさん、ネットなどで調べて遠方からも来てくださいます。北は北海道から、南は沖縄。欧米、アジア在住の日本人で、里帰りのたびに寄ってくださる方もいらっしゃいます。

そういうお客様は、もちろんすでにお子さんに色々なお店の靴を履かせていて、何かしら疑問だったり、問題に感じることがあって、あれこれ研究した末、セカンドオピニオンを求めるつもりで私の店へやってきます。そこで私がまず、することは、お母さん・お父さんからお話を伺うことと、ご本人の動きをよく見ること。おもちゃも用意してありますので、靴を脱いで、好きに遊んでもらいます。

和室も少なくなり、ほぼ、フローリングが主流になった日本ではありますが、それでも子どもはまだまだ、床に座って遊ぶことが多いのです。特にミニカーやプラレールで遊ぶ男の子たちは、横座りの姿勢で数時間、遊び続けることも珍しくありません。それが習慣化すると、すねの骨に体重がかかり続け、骨がねじれを起こします（私自身が、その典型例です）。ひいては、ひざ下のO脚に繋がってしまうこともあります。お子さんの遊び方をよく観察すること。遺伝要素は少なくないので、お父さんやお母さんの足を見ること。そして家での生活の様子についても詳しくヒヤリングします。寝具はお布団か、ベッドか。寝るとき、どんな姿勢をとっていることが多いか、など。

また、幼稚園や小学校に通っているなら、通学についても確認します。私立の学校に電車通学している子どもは、毎日の駅の階段の上り下りがありますから、なかなか元気で足腰がしっかりしている子が多いのです。一方、田舎暮らしだから足腰強いだろうと思いきや、学校や習い事に家族が車で送り迎えしてしまうパターンも多く、意外と華奢なお子さんだったりもします。

そうした背景をじっくり伺った上で、お子さんの足を計測。フットプリントといって、足の裏の魚拓のようなものをとります。足の足圧分布や、土踏まずの形成具合、骨格のゆがみなどの特徴をつかんで、適切な靴をご紹介、補正が必要であれば中敷きやソールも調整もします。そのお子さんの姿勢、足（脚）の特徴から、日常生活でできる改善策をアドバイスさせていただいています。

もし足をチェックして、正常範囲を超えているサインを見つけた場合には、小児整形や皮膚科の受診をお勧めする場合もあります。

これまでの経験で出会ってきた、さまざまなケースを元に、子ども靴選びのポイントをお伝えしましょう。

■遺伝要素って、例えばどんなこと？

自分の親戚の話で恐縮ですが、親戚（女性）は腰痛、股関節痛持ちで、その母親はかなりの内股です。幼い娘さんもいますが、その子もしっかり、内股の骨格を受け継ぎました。娘さんが生まれた当時、まだ子ども靴のシューフィッターの勉強はしていませんでしたが、あれこれ学ぶうち、その娘さんの骨格に気付きました。母親とおばあちゃんは大人ですから、今更なおすことはできません。しかし、その娘さんをそのまま何もせず生活させていたら、まず、親と同じような強い内股になるでしょう。まず、床座りの習慣をやめさせ、それ以上、内股が加速しないようにしました。あとは履くべき靴を履かせ、ストレッチや運動で正しい姿勢に整うように、さらに中敷きなどで補正しています。十分、間に合ったと、ほっとしているところです。

■はだしが一番！　って本当？

ヨーロッパの子ども靴文化では、日本ほどはだし至上主義ではなない、というか、むしろはだしにさせたがらない気がします。足の指をしっかり使って歩く、走る。そのこと自体は素晴らしいことです。はだしならば、床や庭など、踏んでいる平面のかすかな情報もきちんと脳に伝わり、活性化します。あちこちの保育園や幼稚園で、はだし保育・教育を取り入れていることも知っています。ただし、先生方は幼児教育のプロであって、足や靴のプロではありません。子どもの骨格がまだ柔らかい状態であることは説明しましたが、例えば、関節が不安定だったり、骨格にゆがみのある子が、はだしで駆け回ったら…どうなるでしょう。柔らかいうちに補正しなくてはいけないのに、何もせず、はだしで遊ばせる。はだし教育は良し・悪しの側面もあるだろう、というのが私の率直な感想です。

■子どもには、実は紐靴がいい

紐靴というのは便利なものです。面テープベルトは、留めた部分は動きませんが、紐は足の動きに合わせて微妙に動いて、複雑な足の動きをサポートしてくれます。その機能性は何より、すべての陸上競技で、100%紐靴が使われていることが証明しています。ただ、子どもは靴の脱ぎ履きはもちろん、靴紐などを上手に結ぶのは至難の業です。そのため、子ども靴はスリッポンタイプや、面テープタイプが主流です。一方、ヨーロッパではもっとも調整の効くタイプとして、紐靴が人気です。靴紐の結び方を教える絵本などもあって、本の表紙には実際、紐がついているんです。そうやって遊びながら、靴紐の結び方を身に着けて、学校に入学するころには自分で脱ぎ履きできるようになるのです。

■どうせ成長するし…大きめを買っちゃだめですか?

最も多いパターンがこうした「成長を見越して大きめを買う」でしょう。経済的なことを考えたら、気持はわかります。しかし、足に合わない靴を履き続けることが、いかに体に良くないことか、この本には山ほど説明が書いてあります。ましてそれが、人生で二度とめぐってこない、大切な成長期ならばなおさらです。

私の店で扱っている靴は、すべてイタリアで作られた革靴です。子どもの足も個人差が大きく、甲が高い・低い、足の幅が広い・細いなど、足の特徴に一番近い木型の靴をおすすめできるようにラインナップしています。価格はベビーシューズで、一足2万5000円から。決してお安くはありません。もちろん、ぎりぎりのお値段で多くの在庫を抱え、おひとりにつき1~2時間の対応、となれば、採算は合いません。しかし、大切なお子さんの足をお預かりしているという責任と「また履きたい!」と満面の笑みで言ってくださる小さなお客様のために、という思いだけで続けています。

では、どのくらいの頻度で靴を履き替えたらよいのか。これもよく受ける質問です。シューフィッターの立場で申し上げるなら、足が4~5㎜伸びたら、履き替えどきです。具体的にいえば、歩き始めから2歳ぐらいまでは、3か月に一足のペース。以降3歳、4歳、5歳で半年に一足です。

そんなにお金はかけられない!とおっしゃるかもしれません。しかし、年に四足として、10万円。月8000円ちょっとの予算です。ヨーロッパの家庭では、子ども靴の予算を家計に組み入れているそうです。大人の女性の靴のように、何足もそろえる必要もありません。ほとんどのお客様は毎日一足で通して、定期的に履き替えます。きちんとつくられた革靴なので、遊ぶときも、おしゃれしてお出かけするときも、遜色ありません。

■靴を買うのにいいシーズンはある？

植物の話みたいですが、人間の成長期も、春から夏の温かい季節によく伸びて、冬の間はむしろ縮こまります。なので、長いお休みが終わるころ、夏休みが終わりを迎える8月の下旬、そしてだんだん温かくなりはじめる3月ごろ、計測されることをお勧めしています。成長には当然個人差があります。一定のスピードで大きくなるわけでもないので、半年ぶりに計測してみたら、夏のサイズより冬、むしろ小さくなっていた、なんてこともあります。「買い替えなくても大丈夫、今の靴でまだしばらく行けますよ」というと、親御さんは複雑な表情をなさいます。ただ、ヒール部分のすり減りについては修理をお勧めしています。高い靴を買わなくて済んだ安堵と、我が子があまり育っていないという不安でしょう。大丈夫、次に温かい時期がくれば、すくすく育ちます。

■高い靴なら、おさがりに出したい！

これもお気持ちはわかりますが、ファーストシューズ、または二足目ぐらいまでしか、お勧めできません。前に説明した通り、お子さんはほぼ毎日、その一足で過ごします。そのため、どうしてもその子の癖がつきますので、次のお子さんに渡すころには他人の癖がついてしまっています。あらかじめ癖のついた靴を履いたお子さんは、転びやすくなったり、歩行に支障をきたす恐れすらあります。そもそも、思う存分、歩いて走って遊んだあとです。外から見たら比較的綺麗でも、内部はボロボロになっていることだってあります。

我が子の靴を買い替えに来たお客様は、もう履かないし、おさがりにもできないから、と履き古しを、よく店に置いて行かれます。これが私たちシューフィッターにとっては、大変ありがたい教材になります。どんなお子さんが、どんな使い方をすると、どう、ダメージになるのか。どこが減り、どこが歪むのか。靴の履き心地を言葉で説明できない幼児が相手だからこそ、何よりの研究材料になるのです。

■大人並みのトラブルも？

健全な食への理解を深めよう、という趣旨で「食育」という言葉がすっかり定着しました。同様に、最近では子どもの足と成長、足と靴の関係について知識を身に着けようと「足育」という言葉も登場しているようです。

学校には、靴の正しい履き方を指導するポスターなども貼られています。そこに映し出された「悪い例」の写真を見ると、スニーカーのかかとを潰して履いていたり、かかとが内側に歪んで、靴が型崩れを起こし、土踏まずを潰すように立っている写真もあります。それは実は、お年寄りにもよく見られる症状。また、最近人気のムートンブーツを履いた、中年の女性でも、そういう人をよく見かけます。

足が歪んで、膝、腰痛、肩こり、頭痛を引き起こすこともあります。そんな大人の悩みを、すでに小学生が抱えているとしたら。

一番身近にいるのは、ご家族です。子どもは理性的に足のしくみや靴の理屈を理解はしていません。かかとを踏んでいないか、きちんと足と靴が一体化しているか。日々の暮らしの中で気を付けてあげて、ぜひ、正しい靴を選んであげてほしいと思います。

■靴売り場で見かける光景

デパートや靴専門店で、多くの商品が並んでいる棚の前。お子さんに、好きな靴を選ばせ、それを店員さんに伝えている場面をよく見かけます。当然、お子さんはデザインや色を優先して選びますが、これこそが、洋服と靴の選び方の決定的な違いなのです。

売り場に行ったら、お店のシューフィッターに「うちの子の足に合う靴を選んでほしい」と一言、おっしゃっていただければいいのです。きちんと足を計測して、足に合う形、サイズの靴をいくつか、選んで持ってきてくれるはずです。その中から、お子さんに選んでもらうようにすれば、安心して、毎日快適に過ごせる靴が手に入ると思うのです。

第五章

歩くことがもっと楽しくなるシニアのための靴選び

株式会社アルプスシューズ・上級シューフィッター

小林徹司

医学の進歩に伴い、日本はどんどん長寿国になっています。超高齢社会をむかえ、お年寄りはますます元気に。山歩きや街歩きを楽しむ、アクティブなシニアも増えてきました。そんな健康的で生き生きとした毎日を過ごすために重要なのは「歩く」こと。窮屈なハイヒールはつらい。けれど、スニーカーではカジュアルすぎる…。身体を傷めず、オシャレ心をも満たしてくれる靴を選ぶには？

シニアって、何？

シニアと一口に言っても、定義が難しいのが現状です。それに伴って、「シニア靴」というのも、なかなか定義できるものではありません。

一般には、65歳以上をシニアと呼び、65歳から75歳までを「前期高齢者」、75歳以降を「後期高齢者」と呼びます。

とはいえ、その内容は一人ひとり、実にさまざま。60歳台から認知症を発症したり、病気やケガで歩行に困難をきたしている人はいます。その一方で、後期高齢者の年代にさしかかっても、元気に山歩きを楽しんだりしている人はたくさんいます。

シニアと乳幼児を対比させて考えると、実は子どもの成長というのは、ある程度一定なのです。もちろん、成長のペースに多少の差はありますが、誰でもある程度の月齢、年齢に達するとはいはいをはじめ、立てるようになり、歩けるようになります。しかし、シニアには年齢的な指標がなく、非常に個人差が大きい、それがシニアの特徴です。

また、現在ならではの特徴というのもあります。

現在（2017年）、ちょうど団塊の世代（1947年〜1949年ごろ生まれ）と呼ばれる人たちが65歳を過ぎたのです。戦後70年を経て、いよいよ戦後生まれ世代がシニアの仲間入りをしたということでもあります。

戦中生まれ、戦前生まれも、まだまだお元気です。つまり今のシニアには戦前・戦中・戦後、あらゆる背景を経験してきた多彩な人たちが含まれているということです。

それはつまり、戦争・戦後・高度成長期・バブル期・バブル後…とさまざまな時代の浮き沈みを経験してきてるという意味でもあり、ファッションの観点から見ると、日本のファッションの黎明期から、さまざまな流行を経験してきている、と見ることもできるのです。

シニアになると、どうなるの？

人それぞれ、程度は違いますが、確実に老化は始まっています。具体的には、筋力の衰えが一番大きな要因でしょう。また、病気や長年の劣化によって、関節にトラブルを抱えている人は少なくありません。主に膝、腰などが多いですが、人工関節を入れている、という人も珍しくありません。

おおまかに分けると、

・健常歩行者

杖なしでも歩ける人。それでも脚部の筋力は低下しているため、足が上がりにくく(すり足歩き)、少しの段差、不整地でのつまずきは多い。また、つまずいた時の反射神経も鈍っているため、転倒しやすい。若いころに比べ、足の左右幅が広く、重心が下がっている。背筋、腹筋など、全身の筋肉の力も低下しているため、姿勢が悪くなり、かがんだ姿勢になりやすい。

・運動機能低下者

健常歩行者と同様、杖などは必要としないが、健常者以上に脚力、全身の筋力は低下している。姿勢も悪く、O脚やX脚など、骨格にゆがみが生じているケースも珍しくない。

・杖使用歩行者

杖を使う・使わないの判断に基準があるわけではないので個人差はあるが、杖なしでは歩けない状態の人は人工関節を入れていたり、また、疾病やケガ後の後遺症で左右の脚長差（脚の長さの差）がある人も多い。

・手押し車使用者

ショッピングカートを兼用した手押し車を使っているシニアは多い。主に女性だが、中にはカートが椅子を兼用していて、休憩できるものもある。荷物も収納できて手が空くため、重宝がられているようだ。

・車椅子使用者

車椅子を使用しないと長距離歩行が難しいという人。ただしこれにも程度があって、補助的に車いすを使っている人は、立ち上がる程度、数歩歩く程度ならできる、という場合もある。重篤な場合であれば、全く動けない、立ち上がれない、という人も。

とはいえ、現代に生きるシニア世代のライフスタイルは実に様々です。シューフィッターはシニア特有の身体条件を理解し、多彩なニーズに応える提案ができなくてはなりません。日本は世界でも類をみない超高齢社会となっています。そのため、シューフィッターは日々経験を積み、学習を重ねているのです。

自分の歩き方を振り返ってみましょう

「あなたは正しい歩き方ができていますか?」。そう聞かれても、若い人でも自分の歩き方が正しいのかどうか、わからないものです。まして、筋肉が衰え、関節に問題を抱えることが多くなるシニア世代では、正しい歩き方がなかなかできないのも当然です。足が上がり切らないから、つまずきます。靴底の減り方も、左右均等とは言えません。どうしてもかかとを踏んでしまって、靴の形が崩れてしまっている、という人もいるでしょう。ハイヒールを履くことはなくなり、若いころのように靴擦れや締め付けに苦しむことは少なくなったかもしれません。それでも、歩くと膝が痛い、腰が痛い、という人は珍しくありません。

歩くと、足腰が痛い↓歩くのが嫌だ↓出かけるのがおっくうになる↓筋力がますます低下↓健康を損ねる

という悪循環にも、陥るかもしれません。まさに「Life is Walking」歩くことは生きること。もしかしたら、靴を変えることで痛みが軽減するかもしれません。出歩くのが楽しくなるかもしれません。生活が変わるかもしれません。

大げさかもしれませんが、そんな視点で靴を選べたら、素晴らしいと思いませんか。

どんな靴を選べばいいの？

これまでの経験と、シニアの方の特徴を考え合わせると、次のようなポイントが挙げられます。

●脱ぎ履きしやすい靴

靴のかかとを踏みつぶしてしまう癖のある人は結構多いのです。それにはいくつか考えられる原因があります。

・靴ひもが結べない

手元がおぼつかず、細かい作業（靴ひもを緩める・絞める・結ぶなど）ができない。または面倒くさい。年を取ると、しゃがむ、うつむく、など、心臓を圧迫する姿勢がつらくなる傾向があります。手先を使うことも難しくなってゆきます。そのため、簡単に着脱できるファスナーや面テープ、ホックなどが望ましいのです。

・目がよく見えていない

老眼や白内障などで視界が悪く、きちんと履けているつもりで体重を掛けたら、足が入り切っておらず、かかとを踏みつぶしてしまう。という人も珍しくありません。

●つまずきにくいこと

つま先が上がりにくいシニアは階段やちょっとした段差につまずきやすくなります。大きすぎる靴でなく、足にぴったりしているほうが引っ掛かりにくいということです。

また、靴のつま先の形状が、足の形に近いことも大切です。そのつま先も、地面から十分に上がっているのが理想です。「トースプリング」といってつま先が上がっていれば、それだけつまずきにくくなります。

また、ヒールのある靴の場合はヒールをひっかけてつまずくケースもあります。そのためシニア向けの靴では「ウェッジソール」といって、足裏からヒールにかけてひとつながりだったり、角をなくして靴底からヒールが曲線でつながった形状になったものが多いのです。

●軽くて柔らかい靴底

筋力が落ちているシニアには、軽くて柔らかい靴がよい、とされています。が、実際の現場で感じたことを率直に言うなら、軽すぎる靴もよくありません。なぜなら軽量化をするあまり、クッション性や強度が落ちるものもあるからです。我々はよく「持って重いけど、履くと軽い靴がよい靴だよ」とお話しします。

そのため、最も実用性が高くて人気があるのは、コンフォートシューズやウォーキングシューズと呼ばれるタイプのもの。ウレタンフォームでできているもので、靴底が柔らかくしなやかなので、足にフィットします。もっとも足が曲がり、また返って来るポイント部分は、個人差がありますが、しなやかな素材ならば、合いやすいのです。また、靴底が適度にクッションがあると、接地したときの衝撃を和らげてくれるので、効率的で安定歩行に適しています。

●履き込みが深く・足全体をホールドする靴

ハイヒールやパンプスのように、くりの浅い靴（浅ぐり）は歩くだけで足に負担がかかります。ましてやミュールのような「つっかけスタイル」はシニアには向きません。そのため、スニーカーやスリッポンのような、履き込みが深くかかとや足首までしっかりホールドする靴がシニアの歩き方には向いています。

シニアは若い女性のように、高いヒールは履きません。そのため、歩くたびに靴の中で足が前へ前へとずれてしまう、ということはほとんどありませんが、かといって大きくて楽ちんなだけの靴を選んでしまうと、靴の中で足が安定せず、結局は足に負担をかけることになります。

理想的なのは柔らかな天然革ですが、メッシュ素材のようにしなやかで拡張・収縮できるもの、あるいは部分的にゴムを使用するなどして、足の甲全体をしっかりホールドするものもお勧めです。

メッシュとは網目ですから、足の動きに同調して、しっかりフィットすることができます。ゴムも同様に、伸び・縮みしますから、靴紐で締め上げなくてもきちんとフィットして、脱ぎ履きも楽です。

足をしっかりホールドするポイントは、かかと、甲、土踏まず。可能ならば、足首です。足指は多少自由に動くぐらいのほうが、歩きやすく、健康にも適しています。土踏まずでしっかりと足が支えられていれば、つま先が自由でもぐらぐらしません。

かかとから足首にかけては、後ろからしっかりと包み込むように固定するのが理想。そのため、前述のように、靴のかかとを踏みつぶしてしまったり、変形して支えにならなくなっている靴では問題です。

夏にサンダルを選びたい場合でも、土踏まずはしっかりと。後ろもストラップだけで支えるのではなく、できればかかとがしっかりあって、ホールド感のあるものを。足首に巻き付けるストラップがあれば、なお安心です。

●おしゃれ靴が履きたい！

説明したとおり、シニアの方々は人それぞれ、さまざまな人生を歩んでこられた方ばかりです。めったにハイヒールなど履いてこなかった、という方もいれば、若いころからずっと働いていて、流行にも敏感で…という方もいらっしゃいます。また、おしゃれは外出のモチベーションにもつながります。若いころはファッションを楽しんで、おしゃれして出かけていたのに、ちょっとしたきっかけでおしゃれを諦めてしまい、出かけたい気持ちまでしぼんでしまう。それでは気持ちもふさぎがちになり、ますます運動しなくなってしまう。老化を加速させてしまうことにもなりかねません。

お出かけ用のドレスシューズが欲しい。冠婚葬祭用に洗練されたデザインの靴が欲しい。そんな「よそいき」の場合にも、これまで説明してきたような基本を押さえた上で選びます。普段履きの靴であっても、なるべくファッション性のあるものを心がけます。

若いころからハイヒールを履きなれた方なら、シニアになったからといって、ぺたんこ靴では却って疲れてしまう場合もあります。シニアになってもおしゃれを諦めない。無理のないヒールの高さであること。ヒールが太く、安定感があること。ヒールや靴底が柔らかく、衝撃が少ないこと。パンプスのように浅ぐりのデザインがお好みなら、足首付近を抑えるストラップのついたものを探します。

シューフィッターのルーティーン

そんな靴を選ぶために、私たちシューフィッターが日ごろ、どのようにご相談に応じているか、ご紹介しましょう。

■歩いてこられた姿をチェック

入店時に、歩いてこられる様子を見ています。歩くスピード、左右の動揺、姿勢など、無意識に歩いているときの様子をちらっと、チェックしているのです。

■履いてこられた靴を拝見します

かかとがつぶれている方は、なぜつぶれるのか。観察します。脱ぎ履きのときに踏みつぶしているのか。そもそも踏みつぶして歩いているのか。目がお悪いのか。歩き方の癖なのか。どこに原因があるのかを探ります。

■痛いところがないか、確認します

歩くのがつらい、という方の場合は、歩くとどこがつらいのか、お聞きします。膝が痛いのか。腰が痛いのか。背中か…その方の歩き方を見て、どこかにゆがみがないか、靴を変えることで改善できることはないか、など、観察します。その上で、今履いている靴の問題点を洗い出し、それを解決する靴を探します。また、今までの靴も修理すれば直るのか、中敷きを加えることで改善されるのか、などのご提案もします。

■サイズをお測りします

靴のサイズ、実は思い込んでいる方はたくさんいらっしゃいます。私は○センチです、とおっしゃっても、計測してみると違っていることは当然のようにあります。足長だけでなく、足囲など詳細に測って、正しいサイズをご案内します。

■足を観察します

真夏でも冷たい足をしておられる方がいらっしゃいます。一方で、ほてっている人もいれば、むくんでいる人もいます。リピーターになってくださったお客様だと、来店する時間帯によって「前よりもむくんでいるな」とか、比較もできますが、そうでない方でも、普段との違いなど、お伺いすることである程度の判断がつきます。足には全身の状態が反映されます。糖尿、リウマチ、腰痛、膝痛、関節炎。痛風の方は末端が痛いですから、窮屈な靴は履けません。認知症の方に、細かな作業を要求する紐靴もおすすめできません。その方の足に合った靴を選ぶことで、そうしたつらい症状に答えられないか、模索するのです。

■よくつまずく、という人には…

つま先からつまずきやすい人は、足指がしっかり上がっていない可能性があります。そんな場合は靴そのもののつま先が1センチほど上がったものを選ぶことがあります。また、コバと呼ばれる靴の外べりが大きいと、つまずきの原因になるため、コバの少ないものを選ぶこともあります。

■靴下の重ね履き？

お出かけの時にはしないけれど、普段は靴下を重ね履きしています、という人も。冷え対策なのでしょうが、それでは靴選びは話が違ってきます。普段通り、重ね履きの状態でご来店になればよいのですが、そうでない場合は、お店にある靴下で重ね履きをしてもらって、靴を合わせることがあります。普段使いの靴であればあるほど、普段どんな靴下を履いているか、どんなところを歩くか、詳しくうかがう必要があります。

シューフィッターと上手に付き合う

シニアの靴選びは、健康に直結します。靴を替えるだけで、膝や腰の痛みが軽減される例も珍しくありません。少しでも痛みや問題を取り除き、出かけたくなる靴に出会えれば、運動量も増え、筋肉量も増え、ますます健康になれる、というわけです。そのため、シニアの方にはきちんと問題を洗い出し、解決できそうな靴をご提案する必要があります。

・いつもの様子を聞かせてください
お気に入りの靴は、どこがどう、お気に入りなのか。

気に入らない靴は、どこがどう、不便なのか。いやなのか。

身体のどこがつらいのか。

若いころ、どんな生活をしていたのか。普段からヒールを履くような生活をしてこられたのか。

移動手段は、車が多いのか。電車やバスか。

毎日どれくらい、歩くのか。

そんな生活全般をうかがった上で、その方の要望を最大限満たして差し上げるのが、シューフィッターです。


玄関に椅子はありますか？　座って、靴紐が結べますか？　それよりも面テープのほうがいいですか？　ゴムがいいですか？

ヒールは少しは欲しいですか？　すっきり、オシャレな靴がいいですか？　スニーカータイプがいいですか？

店内に100点満点の靴があるとは限りませんが、それでも、足に合った中敷きを用意するなど、解決策はいくつもあります。

主治医の先生と付き合うように、信頼して相談できるシューフィッターのいる店をひとつ決めて、何でも相談できるようにしておく。それが一番賢い靴選びになると思います。

私がシューフィッターの「シニアコース」でお話しするときには、なるべく具体例を挙げるようにしています。65歳を過ぎてなお、70代、80代でも現役で活躍する方々にはどんな方がいるでしょうか。今ならば、黒柳徹子さん、美輪明宏さん、三浦雄一郎さん…などが挙げられます。そのような方々が、どんな靴を履かれるか。どんなニーズがあるのか、それを考え、観察し、適切なアドバイスをする。超高齢社会の日本ですから、シューフィッターは日々、鍛錬を積んでいます。そしてみな「足と靴のプロ」であり、話好きです。

いつまでも元気に歩きたい方、ご家族にいつまでも元気でいて欲しい方。今、どこか痛いところを抱えていらっしゃる、歩きにくさを感じている。そんな方は、ぜひ「身近な靴のかかりつけ医」、シューフィッターに相談してみてください。

第六章

ファッション性が向上してきたウォーキングシューズ

東武百貨店池袋店 スポーツシューズ売り場
上級シューフィッター
吉田友則

「歩く」ことに特化した靴、ウォーキングシューズ。長い距離を歩いても「疲れにくい靴」で「足腰、関節に負担が少ない靴」というのが一般的な定義でしたが、ここ10年ほどの間に、素材面、機能面、デザイン面で、さらに大きく進歩を遂げているのです。かつては健康のために歩く人や、楽に歩きたいシニア層のための靴と捉えられがちでしたが、そのマーケットにも変化が起きています。「歩く」ことの大切さが見直されている現在、どのようにウォーキングシューズを選べばよいのでしょうか。

ウォーキングシューズにも種類がある

健康や趣味のために歩くという場合は、「どこを歩くか」によって選ぶべき靴も違います。

・街歩き中心の場合

舗装された道など、平らな場所を長距離歩く場合は、かかとから着地するあおり歩行が中心ですから、着地の衝撃を和らげるクッション性が大切。また、滑りにくいこと、かかとや足首の安定感もポイントになります。長い時間歩くことを考えたら、足に負担のないよう、軽量だけれど、しっかりしたものを。次の一歩が軽快に踏み出せるよう、曲がるべき場所がきちんと曲がるものが望ましいでしょう。足には汗腺も多く、長時間の歩行では汗もかきますから、吸湿性に優れて蒸れにくいこと、雨などに備えて撥水性や防水性があればなおいいですね。

・野山をトレッキングする場合

ハイキングなど、主に自然の中を歩く場合は事情が違います。地面は岩場や砂利道、あるいは木の根が張っていたりと不整地であることが多く、歩行に加えて「のぼる」「下る」など運動のバリエーションも増えることになります。ハードな地面に対応するには、全体にしっかりした作りであること、靴底も厚く、靴底裏には凹凸があって、あらゆる不整地に対応する頑丈さが求められます。単純な歩行ではありませんから、足首の動きも複雑になります。その分、足首をしっかり支えてくれるハイカットタイプ（足首の上部まで覆うタイプ）が望ましいでしょう。

進歩をとげたウォーキングシューズ

ウォーキングシューズと言われて思い描くのはどんな靴でしょうか。少し前までのウォーキングシューズは機能重視の、ごつくて、重い、スニーカータイプの靴が主流でした。それがここ数年は、

・機能の面
・素材の面
・デザインの面

いずれの面においても大きく品質が向上しているのです。

まず、何と言っても軽くなってきています。これは素材面の進歩ともいえるわけですが、軽くて丈夫、耐久性にもすぐれた素材が開発され、靴の素材に導入されるようになりました。結果、足にかかる負担が少なく歩きやすい、ということに加え、より薄く、繊細なデザインも可能になったことで、従来のようなごつさを払拭した、洗練されたデザインが可能になってきた、ということにもつながっています。

もうひとつ機能面で特筆すべきは、ファスナーの存在でしょう。ウォーキングシューズは紐靴タイプが多い中、特に紐の編み上げの脇にファスナーのついたタイプが現在は主流です。

「正しい履き方」が良い歩行を作る

どんなに足に合ったウォーキングシューズを選んでも、正しい履き方ができていなければ意味がありません。また、間違った履き方で長時間・長距離を歩けば、それは合わない靴を履いているも同然です。

素材面、機能面で進化し続けているウォーキングシューズですが、特に最近すばらしいのがファスナーです。一般には「面倒な靴紐の緩める・締めるの作業なしに、簡単に脱ぎ履きできますよ」というメリットがあるわけですが、昨今のファスナーは素材としても非常に優秀で「しっかりと留まります」。

最近のファスナーの位置は足の内側についていて、あまり目立たないようになっています。そのほうがファッション性もあってよいという意見も多く、各メーカーもこのタイプが増えています。しかし、人の足はその日のコンディションや時間帯によっても、常に変化しています。そして歩行の際、荷重による足部の変化によって、ファスナーが下がってしまうというのも、よく見受けられました。

しかし、最近のファスナーは簡単に着脱できるだけでなく「しっかりと留まる」のが特徴です。とはいえ、せっかくの機能を生かすには注意しなくてはならないことがあります。それは「正しく履く」ということです。

一日の最初にウォーキングシューズを履くとき、まず靴紐を緩めます。次にファスナーを開いて足を入れ、ファスナーをしっかりと閉めます。その上で、その日の足にぴったりフィットするように、靴紐をしっかり締めてください。これでその日は大丈夫。ファスナーがしっかり、足を安定させます。脱ぎ履きする際には靴紐をほどかなくても、ファスナーの開け閉めだけで十分です。また、その日のコンディションに合わせて、フィット感のある履き心地になるはずです。ところがなかなかこの「正しい履き方」ができない人が多いのです。「ファスナーのおかげで、いちいち靴紐を緩めたり・締めたりしなくてよい」と考えて、靴紐はほとんど触らない。朝履くときも、ファスナーだけで着脱する。そんな人が多いのです。しかしこの「正しい履き方」は、非常に重要なのです。

お客様の中には「足が痛い」「靴が合わない」と訴える方が少なくありません。その理由はさまざまあります。元から足に合わない靴を選んでいる。サイズが合っていない。外反母趾など足にトラブルがある…いろいろありますが、その中に「靴を正しく履けていない」というのもあるのです。

たまに見かけるケースに、ファスナーを完全に閉めていない人がいます。それでも靴紐がしっかり締めてあればまだいいのですが、靴紐もゆるゆる。そうなると、もはやスリッパやつっかけのような状態になります。それで長い距離を歩けば、靴の中で足がどんどん前に詰まってしまい、つま先が当たり、内出血などのつらい症状が出ることもあります。

ファスナーは便利なもの。そのことは広く認知されるようになってきました。しかし、どう履くのが正しいのか、内容までしっかり理解している方は以外に少ないのが現状です。「ファスナーがついてるから楽ですよ」ではなく、便利なファスナーも使い方を誤れば、むしろ足を傷めてしまうこと、正しい履き方をご案内するのも、私たちシューフィッターの役割だと思っています。

ウォーキングシューズの利用者が変わってきた

少し前まで、ウォーキングシューズの見た目は武骨なものでした。また、もっぱら運動のためのもの、楽に歩きたいシニアのためのもの、と思われてきました。その様相が、ここ最近変化しています。きっかけは、東日本大震災でした。

私自身、あの日は自宅まで、5時間以上かけて歩いて帰りました。普段は電車で30分ほどの距離ですが、歩くとなると遠いものです。また、大勢の人が一斉に歩いているため、歩道は渋滞し、自分のペースで歩くのも大変な状況でした。ふと周囲を見回すと、お年寄りも子どもも、女性もいます。皆さん、まさかそんな長距離を歩く羽目になると思っていませんから、履いているものもまちまちです。特にハイヒールを履いた女性は、つらそうに立ち止まっている姿を何人も見かけました。

そうした経験を反映してか、最近では男女ともに若い方がウォーキングシューズを求めて、店頭を訪れるようになりました。

こうした傾向は、メーカーにも影響を与えています。

従来、ウォーキングシューズはスポーツシューズメーカーが作っているものが多くありました。運動のための靴、その延長上にあったのです。しかし、若い世代、それも働く人々が日常の場面で利用するようになったことで、「いかにも運動靴」なデザインから、男性では「ビジネスシューズ」向けに、女性も、よりパンプスやローファーに近い、ややかかとの高い「歩ける婦人靴」の開発を進めるようになりました。

婦人靴、紳士靴の方からも「歩く」ニーズに向かって、ウォーキングシューズの研究が進められています。従来のファッション性を中心に商品開発をしてきたメーカーが、「おしゃれでありながら、楽に歩ける」靴を作り始めています。その意味では、従来別ジャンルだったものが、双方歩み寄り始めているといえるでしょう。

そんな昨今、より自分に合ったウォーキングシューズを選ぶにはどうしたらよいでしょう。私が売り場で日々感じていること、実践していることをご紹介しましょう。

■「歩行解析」に基づいたアドバイス

歩行解析というと難しく聞こえるかもしれません。平たく言えば、その人その人の「歩き方」を分析することです。足腰、関節などに不調を感じると、人は「靴が合わないのか」「歩き方や姿勢が悪いのか」と考えます。原因が明らかに靴の場合は、わかりやすいのですが（特定の靴を履くと痛い・靴が当たって痛い、など）、原因が歩き方にありそうだとなると、自分の靴の減り方や歩き方を自己分析して、あれこれ修正しようとします。その修正が必ずしも正しくないために、かえって足を傷めてしまうケースも少なくありません。

シューフィッターは医師ではありません。医師法に触れるようなアドバイスはできませんが、シューフィッターとして学んだこと、これまでの経験から、お客様の足の状態と、歩き方を分析して、その方の問題に対応できる靴をお勧めするようにしています。

■ウォーキングシューズとランニングシューズ

スポーツシューズの一種に、ランニングシューズという靴があります。文字通り、走るための靴ですから、ジョギングやマラソンなどをする人が買い求めます。「歩く」と「走る」。どう違うのでしょうか。快適に歩くためなら、ランニングシューズでもいいのではないでしょうか。実は、ランニングシューズをお勧めすることもあります。

走るとき、着地した瞬間、足には体重の3倍の負荷がかかります。それだけの衝撃を受け止めるのですから、ウォーキングシューズよりもランニングシューズのほうが足の動きを抑制し、衝撃を和らげる機能は優れています。「まとまった距離を歩きたい」「機能面を重視したい」というお客様で、見た目がスポーツシューズでかまわないという方ならば、ランニングシューズという選択肢もあることをご案内します。ウォーキングシューズで長距離走るのは不適切でも、ランニングシューズで長距離歩くのは、むしろ快適と言えるでしょう。

■通信販売で靴を買うのは…

テレビの通販番組で、たまにウォーキングシューズを扱っているのを見かけることがあります。シューフィッターの立場からすると、いくらスニーカーやウォーキングシューズでも、試着もせずに靴を購入するのは、合わない靴を買ってしまうリスクが高いので避けたほうが賢明だろうと思います。しかし、通販というものを全面的に否定しているのではありません。すでに愛用しているメーカー、ブランドの靴で、サイズも型番もわかっているものが通信販売されているのなら、良いでしょう。ただ、初めて買う商品の場合は、一度は店頭に足を運び、できたらシューフィッターに相談して、試着した上でお買い求めになるのが一番です。テレビで「履き心地も楽ちん」「歩きやすい」と謳っていても、すべての人に「楽ちん」で「歩きやすい」と保証されているわけではありません。一度店頭で、シューフィッターに自分の足を見てもらいながら、身体のトラブルや歩行の癖にいたるまで相談すれば、あなたにぴったりの靴に出会えるはずです。

■子ども世代にもウォーキングシューズ？

シニアだけでなく、若い世代にもウォーキングシューズや、あるいは歩くことを意識した紳士靴・婦人靴を求める人が増えてきたとご紹介しました。それでは子ども世代はどうでしょうか。子どものためのウォーキングシューズ、というものはありません。一般に、スニーカーであったり、運動靴にカテゴライズされるものがそれにあたります。ただし、私たちシューフィッターは子どもたちこそ、歩くことを意識した、正しい靴選びが重要だと考えています。自分が靴選びで苦労した、痛みやトラブルがある、という人はお子さんを店頭に連れていらっしゃいます。靴選びの大切さが理解できているからこそ、子どもの靴もシューフィッターのアドバイスを受けようとするのです。子どもの靴選びで最も大切なのは、長時間履く「上履き」です。親が玄関先で見ている子ども靴は、まだいいのです。問題は、親が見ていない時間、学校にいる間に履いている靴が、適切かどうか。上履きや運動靴は学校指定であることも多く、足に合わないと訴えても認めてもらえないケースもあります。学校の規則まで変えさせるのは大変かもしれませんが、将来のトラブルを避けるためにも、正しい靴選び・靴の履き方の知識を、子どもたちにも伝えたいものです。

■適切なウォーキングシューズ選びとは

これはウォーキングシューズに限った話ではありませんが、シューフィッターがお手伝いできるのは、その方が歩く上で抱えている問題や悩みを進行させない、抑制するための靴を選ぶこと。より快適に、楽しく歩ける靴はどれなのか、お客様の数だけ答えがあります。お客様の質問に答えるだけでなく、新しい提案ができるようになれば、さらに優れたシューフィッターだと言えるでしょう。そうしたシューフィッターに、ご自身の問題を率直にぶつけて、「サイズが合っている」だけではなく「歩き方に合っている」「歩き方が改善できる」靴を勧めてもらうのが、最善の策です。

元気ではつらつとした歩行のために、ウォーキングシューズは進歩を続けています。子ども向けのもの、大人向けのもの、シニア向けのものもあります。正しく歩くことが健康に直結していることは、もうおわかりですね。「ハイヒールで歩くのがつらくなってきたからウォーキングシューズにでも替えようか」とか「年を取って足が痛くなってきたから」ではなく、今から「歩くための靴」に目を向けるのが、いつまでも健康であり続けるコツでもあります。

シューフィッターはお客様によりフィットする靴をご提案するために、常に最新の情報に触れるようにしています。一度相談してみれば、自身の歩き方にぴったりの一足に、きっと出会えるはずです。

さいごに

これまで、足と靴にまつわる様々な話題をご紹介してきました。

いかに靴選びが大切で、個人差のあるものであるか、お分かりいただけたら幸いです。

「おしゃれは足元から」

ファッションについて、よく言われる言葉です。しかし、足に合わない靴を履いて苦痛を感じ、さっそうと歩けないのでは、どんなに流行のファッションに身を包んでいても、「おしゃれ」とは言えないのではないでしょうか。

まして、外見にこだわるあまり、健康まで損ねてしまっては本末転倒です。


では、どんな靴を選んだらよいのか。

それは十人十色です。流行っている靴が足に合う人もいれば、合わない人もいます。

誰かが「あの靴が良かった」と勧めてくれたとしても、誰にでも合うわけではありません。「足に合う靴」「歩きやすい靴」の正解は、人の数だけある、と言えるでしょう。そこで最後に、試着した靴が自分に合っているかどうかを確かめる方法をお伝えしましょう。

これは婦人・紳士・子ども・シニア・ウォーキング、ジャンルを問わず共通しています。

ぜひ、靴を試着する際に思い出してみてください。

■靴を正しく履く

1. 靴ベラを使って足を滑り込ませます。紐靴の場合は十分に緩めてから足を入れてください。
2. 足が入ったら、かかとをトントン！と床に打ち、自分のかかとが靴のかかと部分にきちんと収まるようにします。
3. 紐靴、あるいは面テープのタイプならば、しっかりと締めます。きつく締めつけず、ごく自然になるように。また、緩みのないように締めましょう。

■履き心地をチェックする

1．立ち上がってみて、甲の部分が適度に靴にフィットしているかどうか、チェックしましょう。
2．つま先の先に余裕はありますか？　指はある程度自由に動きますか？
3．ウエスト部分（土踏まず周辺の細い部分）はしっかりホールドされていますか？
4．歩いてみて、足が前へ滑りませんか？　また、靴の中で前後左右に動いしまうことはないでしょうか？
5．くるぶしは履き口に当たっていませんか？
6．上下左右、どこか足が圧迫されている箇所はありませんか？
7．親指、小指の付け根部分が靴に当たっていないか。あるいは緩すぎないか。
8．土踏まずに靴がフィットしていますか？　隙間が空いていますか？
9．かかとから足首へのカーブと靴は合っていますか？

いかがですか？

現在お持ちの靴でも、同じようにチェックしてみてください。

もしかしたら、知らず知らずのうちに合わない靴を履いて、身体に負担をかけているかもしれません。


いつまでも健康で、元気におしゃれに歩くために。

あなたの靴選びのお手伝いができるよう、シューフィッターは願っています。

シューフィッターのいる
全国のショップリスト

[シューフィッターのいる全国のショップリスト]

マークの見方

●=マスター　◎=上級　★=幼児子ども専門　☆=シニア専門

専=専門店　百=百貨店　専・製=専門店&製造　量=量販店　関=関連　小=小売　卸=卸売

北海道		専	チヨダ　東京靴流通センター　白石店　011-820-1330
		専	丸山靴店 リーガルシューズ　0138-22-8984
		量	イオン　余市店　0135-23-2527
		専	スポーツ用品店 うめや　0134-23-7401
		専	風の　0142-21-2300
		量	イオン　苫小牧店　0144-51-3100
		専	コスモサービス　011-232-0757
		専	シュー・パブ　札幌店　011-252-5035
		百	アシックス　大丸札幌店　011-828-1111
		専	アルファ美輝　大丸札幌店　011-218-1183
		専	アンテプリマ　大丸札幌店　011-828-1111
	◎	百	大丸松坂屋百貨店　大丸札幌店　011-828-1111
	★	専	中山靴店　札幌店　011-596-0706
	◎	専	アスリートクラブ　011-207-5033
		専	アシックスウォーキング　札幌地下街ポールタウン店　011-272-5320
		百	東急百貨店　さっぽろ店　011-212-2211
	◎	百	三越伊勢丹　札幌三越　011-271-3311
		専	ロックポート　三井アウトレットパーク札幌北広島店　011-377-3200
		専	コーチ　三井アウトレットパーク札幌北広島　011-377-1939
		専	リーガルファクトリーストア　三井アウトレットパーク札幌北広島店　011-377-1928
		専	ウォーカーズ　011-825-3273
		専	チヨダ　シュープラザ　宮の沢追分通り店　011-667-1122
	●★☆	専	アルファ美輝　本店　0120-841-928
		専	サッポロ・スタジオ　011-561-5320
		量	イオン　岩見沢店　0126-33-6100
		量	イオン　旭川西店　0166-59-7800
	◎	専	カラサワ靴店　0155-23-4538
		専	チヨダ　シュープラザ　帯広フレスポ稲田店　0155-49-1158
	◎	専	なかむら靴店　0154-31-4192
青森県		専	靴のミカミ　017-777-6095
		専	アルプス靴店　017-736-3955
		専	ドンナR　0172-37-0669

青森県		専	キャメロット さくら野弘前店　0172-26-4150
岩手県		専	シューズ モリ　カワトク1F婦人靴　019-653-1501
		専	シューズ モリ　カワトクメンズシューズサロン　019-624-9241
		専	チヨダ　シュープラザ　盛岡本宮店　019-635-7938
		専	川徳　019-651-1111
	◎★☆	専	かんのシューズ　0197-24-8192
		専	靴の伊太利屋　0197-65-2555
		専	フルダテ本店　0195-23-2436
宮城県	◎	専	アシックスウォーキング　仙台店　022-217-8448
		専	イワマ靴店 本社　022-227-2151
		百	ビルケンシュトック　022-723-8025
		百	藤崎　022-261-5111
		専	コーチ　三井アウトレットパーク仙台港　022-388-9134
		専	ＷＩＬＤ－１　仙台東インター店　022-254-8780
		専	靴のシナガワ　0225-22-0766
		専	シューズ ソルト　0220-22-5517
		専	チヨダ　シュープラザ　仙台南吉成店　022-277-1007
	◎	専・製	靴工房 ささき 古川本店　0229-22-9294
秋田県		専	トキオウオーキングコレクション　018-831-2220
		専	トキオメンズコレクション　018-832-3110
		専	モリタ 仲小路店　018-835-0717
		専	竹半スポーツ　018-862-4737
		百	そごう・西武　西武秋田店　018-832-5111
	◎	専	ハッシュパピー SS　大舘店　0186-44-4192
		専	シューズサロン　いずみ　0186-43-1889
山形県		専	あるけや　023-615-6235
		専	チヨダ　シュープラザ　山形南店　023-647-8006
	◎	専	足と靴と健康を考える店 高橋履物店　0233-22-0348
		専	ヤナギヤ靴店　0234-22-0188
		専	あるふぁ　0234-43-6699
		専	チヨダ　シュープラザ　酒田店　0234-21-8355
福島県		専	チヨダ　東京靴流通センター　福島西インター店　024-544-6388

福島県		専	シューブティック タカマツ　024-521-2115
		専	シュー・パブ　福島店　024-523-2066
		百	中合　024-521-5151
		専	チヨダ　シュープラザ　郡山コスモス通り店　024-961-6627
		百	うすい百貨店　024-932-0001
		専	リーガルシューズ　郡山クローネ店　024-938-7656
		専	スーパースポーツゼビオ　会津若松町北店　0242-22-3839
		専	チヨダ　シュープラザ　会津若松花春店　0242-36-6256
	◎	専	ナミキ屋　0243-33-5982
	☆	専	ベネシュいわき　0246-46-1192
	◎	専	靴館　マスダヤ本店　0244-23-2746
		専	エフワン 相馬店　0244-35-1578
茨城県	◎★☆	専	足と靴と健康の靴屋　ザックスオオヌマ　029-822-0801
		専	ヤマベ　0299-80-5881
		専	アディダス/ロックポート　ファクトリーアウトレット あみ　029-833-6690
		専	コーチ　あみプレミアムアウトレット　029-833-6817
		専	サワムラヤ靴店　029-873-2725
	◎★☆	専	ゲゼレのシュー工房ストウ　029-867-2201
		専	シューマート　つくば研究学園店　029-893-4492
	◎	専	シューズサロン　タグチ　0280-22-0475
		専・製	コンフォートクリニック　水戸店　029-232-9209
		百	水戸京成百貨店　029-231-1111
		専	チヨダ　シュープラザ　水戸姫子店　029-309-5072
		専	チヨダ　東京靴流通センター　ひたちなか昭和通り店　029-275-6356
		専	ヤマベ　0299-82-1892
		専	ピコット イオン石岡店　0299-23-6774
栃木県		専	H.P.S　東武宇都宮百貨店　028-636-2211
		百	東武宇都宮百貨店　028-636-2211
		専	シューズ・マイム　アピタ宇都宮店　028-615-4090
		百	福田屋百貨店 インターパーク店　028-657-5000
		専	シューマート　宇都宮インターパーク店　028-688-4192
		専	靴のもりと　0287-82-3666

栃木県		専	シューマート　宇都宮ベルモール店　028-688-8692
		専	チヨダ　シュープラザ　宇都宮簗瀬店　028-649-7273
		百	福田屋百貨店 宇都宮店　028-623-5111
	★	専	スギサキ　にぽぽ　0285-83-0784
		専	チヨダ　シュープラザ　真岡店　0285-81-1081
		量	チヨダ シュープラザ おやまゆうえんハーヴェストウォーク店　0285-20-1623
		専	チヨダ　シュープラザ　小山店　0285-28-2854
		専	シューズ イナムラ　0284-71-0093
	★☆	専	エンドー あかい靴店　0284-21-4540
	★	専	シューマート　足利店　0284-70-3035
		専	Clarks FACTORY STORE 佐野　0283-21-1796
		専	コーチ　佐野プレミアムアウトレット店　0283-20-5838
		専	コール・ハーン　佐野プレミアム・アウトレット店　0283-27-2125
		専	銀座かねまつ　佐野プレミアム・アウトレット店　0283-21-1885
		専	ティンバーランド　佐野プレミアムアウトレット店　0283-21-6102
	◎★☆	専	フットメモリー　しまだ　0283-23-3919
		専	ＷＩＬＤ－１　西那須野店　0287-37-8811
群馬県	◎	専	靴の店トリオ　高崎店　027-395-7002
		専	シューマート　高崎飯塚店　027-370-3115
	◎	専	楽歩堂　高崎店　027-364-6414
		専	シューマート　高崎上中居店　027-320-8306
		専	シューマート　前橋吉岡店　0279-30-5330
		専	シュー・パブ　高崎店　027-330-1070
		専	コンフォートクリニック　高崎店　027-326-9241
		百	髙島屋　高崎店　027-327-1111
		専	シューマート　前橋上泉店　027-289-0592
	●	専	ゴトウ靴店　027-231-9318
	◎★☆	専	楽歩堂　前橋店　027-219-4192
	◎★☆	専	シューマート　伊勢崎宮子店　0270-20-6170
	★	専	キック・オフ 太田店　0276-47-0007
	◎	専	清水靴店　0276-72-2205
		量	チヨダ　靴チヨダ　桐生ヤオコー店　0271-55-5266

群馬県		専	チヨダ　シュープラザ　桐生店　0277-53-5321
		専	アサカシューズ 本店　0277-43-8866
		専	シューマート　渋川店　0279-20-1160
埼玉県		専	グリーンボックス　北浦和店　048-833-5602
		専	メルティサポート　048-823-5592
	◎	百	アシックス　伊勢丹浦和店　048-834-1111
		専	コーチ　浦和伊勢丹店　048-814-3536
		百	三越伊勢丹　伊勢丹浦和店　048-834-1111
		専	アシックスウォーキング大宮　048-648-9221
		専	ウインザーラケットショップ　大宮店　048-642-8885
		百	アシックスジャパン　髙島屋大宮店　048-643-1111
	◎★☆	百	そごう・西武　そごう大宮店　048-646-2111
		専	銀座ヨシノヤ　大宮そごう店　048-631-2920
		関	Plus-R（R-カイロプラクティック）　048-671-1515
	◎	専	アシックスウォーキング　川口店　048-222-8600
		百	そごう・西武　そごう川口店　048-258-2111
		専	チヨダ　東京靴流通センター　川口伊刈店　048-261-9865
		専	ＡＳBee　イオンモール北戸田店　048-449-0543
		専	オリンピック　シューズフォレスト武蔵浦和店　048-845-9231
		専	ハッピーシューズ　048-887-0013
		量	西友　東大宮店　048-685-2111
	◎	専	シューショップヒグチ　0480-42-2229
		量	ＡＳBee　アウトレットレイクタウンアウトレット店　048-961-1192
	★☆	専	グリーンボックス　レイクタウン店　048-989-6981
		専	ハッシュパピーSS　イオンレイクタウン店　048-930-7392
	★☆	専	ブロック　越谷レイクタウン店　048-989-2222
		専	もりいずみ靴店　048-752-2557
		専	ハート　048-752-2592
	☆	専	靴のくわばら　048-754-5848
		専	アシックスウォーキング　イオンモール羽生店　048-560-0133
		専	ショシュール　0480-92-5127
		専	チヨダ　シュープラザ　坂戸店　049-289-0209

埼玉県		百	丸広百貨店　坂戸店　049-288-0001
	★	専	チヨダ　東京靴流通センター　川越的場店　049-239-5660
		百	丸広百貨店　本店　049-224-1111
		百	丸広百貨店　東松山店　0493-23-1111
		量	イトーヨーカドー　上福岡東店　049-269-2111
		専	チヨダ　シュープラザ　ビバモール埼玉大井店　049-256-8331
		百	丸広百貨店　飯能店　0429-73-1111
	☆	百	丸広百貨店　入間店　04-2963-1111
		専	チヨダ　SPCF　所沢イオン店　04-2920-1741
	◎★	百	そごう・西武　西武所沢店　04-2927-0111
		専	シュー・パブ　熊谷店　048-599-3713
		専	銀座ヨシノヤ　熊谷八木橋店　048-520-2921
		百	丸広百貨店　上尾店　048-777-1111
		量	イトーヨーカドー　アリオ深谷店　048-572-6611
		専	シューズ イワタ　048-581-0363
千葉県		専	ネイチャーズウォーク　千葉本店　043-441-4149
		専	ウインザーラケットショップ　千葉店　043-227-8411
	◎	専	アイビー　043-242-9052
	◎	専	Ｆ＆Ｌシカゴ　043-261-2334
		量	イトーヨーカドー　アリオ蘇我店　043-268-7511
	★☆	専	チヨダ　シュープラザ　ホームズ蘇我店　043-209-7188
		専	リーガルシューズ　アリオ蘇我店　043-266-3005
	◎★	百	そごう・西武　そごう千葉店　043-245-2111
		専	ミハマ商会　千葉そごう店　043-238-0016
		専	チヨダ　東京靴流通センター　ミハマニューポートリゾート店　043-244-0592
		専	チヨダ　東京靴流通センター　稲毛海岸マリンピア専門館店　043-270-7231
	◎	専	靴の舞衣夢　043-277-5170
		専	ニューバランス　ファクトリーストア幕張　043-310-9100
		専	メガスポーツ　スポーツオーソリティ幕張新都心店　043-296-1710
		専	ふじや靴店　043-257-5450
		関	職人工房　043-258-8934
		専	チヨダ　東京靴流通センター　ペリエ稲毛店　043-246-3211

千葉県	★☆	専	靴のファミリー　043-237-0271
		量	チヨダ　東京靴流通センター　高品店　043-233-5197
		専	ワールド　043-232-6880
		量	チヨダ　シュープラザ　おゆみ野店　043-300-2655
		専	シューズショップ　ふじや　043-205-7005
		専	チヨダ　東京靴流通センター　南流山店　04-7158-6187
		専·製	ブロック本店　04-7185-2226
		量	イトーヨーカドー　我孫子南口店　04-7183-6411
	◎★☆	専	チヨダ　シュープラザ　千葉ニュータウン店　047-498-0555
	◎	百	三越伊勢丹　伊勢丹松戸店　047-364-1111
		専	チヨダ　東京靴流通センター　本八幡駅南口店　047-700-4010
		量	イオン　船橋店　047-420-7200
		専	コーチ　Tokyo-Bay ららぽーと店　047-495-1355
		専	リーガルシューズ　ららぽーとTOKYO-BAY店　047-435-1224
		百	マルイのシューズ　ららぽーとTOKYO-BAY店　047-421-7264
		専	チヨダ　シュープラザ　パークららぽーとTOKYO-BAY店　047-495-6330
	★	百	そごう・西武　西武船橋店　047-425-0111
		百	東武百貨店 船橋店　047-425-2211
	●★	専	靴のオザワ　047-484-3471
		専	アシックスウォーキング　柏店　04-7162-1511
		専	ブロック　柏店　04-7160-2224
		百	柏マルイ　04-7163-0101
	★	百	髙島屋　柏店　04-7144-1111
		専	テニスショップ アド　柏店　04-7145-2540
		専	テニスプロショップラフィノ　047-380-3831
		量	チヨダ　SPC　イオン新浦安店　047-304-2533
		専	シューズサロン　新浦安　047-351-3263
		専	大木屋　043-484-0160
	◎	専	マルヤギ靴店　0478-54-2552
		専	ハッシュパピーSS　ユニモちはら台店　0436-76-0727
		専	チヨダ　東京靴流通センター　カインズモール木更津金田店　0438-40-1123
		専	コーチ　三井アウトレットパーク木更津　0438-40-0870

千葉県		専	チヨダ　SPC　イオン市川妙典店　047-358-5286
		専	チヨダ　東京靴流通センター　君津店　0439-54-5290
東京都		百	有楽町マルイ　03-3212-0101
	◎★☆	百	大丸松坂屋百貨店　大丸東京店　03-3212-8011
		専	銀座かねまつ　大丸東京店　03-5221-6777
		専	ｼﾞｭｾﾞｯﾍﾟｻﾞﾉｯﾃｨ　03-6252-5431
		専	スーパダンス・ジャパン　03-5821-6102
		専	ヴィクトリア　L-Breath 御茶ノ水店　03-3233-3555
		専	ヴィクトリア　ワードローブ　03-3233-1861
		専	ドリームゲート　FOOTPRO STATION　03-5577-6701
		専	ドリームゲート　FUSO SKI&BOOTS TUNE　03-3293-8965
		専	ドリームゲート　スキーショップ アスペン　03-3233-1607
	◎	専・製	お茶の水義肢装具　03-5577-9515
		専	リーガル　日本橋店　03-5203-2121
		専	リーガルシューズ八重洲店　03-3201-5010
		百	三越伊勢丹　三越日本橋本店　03-3241-3311
	◎★☆	百	髙島屋　日本橋店　03-3211-4111
		専	チヨダ　CHIYODA HAKI-GOKOCHI　東京八重洲地下街店　03-3274-6893
		専	加賀屋　03-3551-4771
		関	爪切り屋　美磨寿　03-6264-3596
		専	エルメス　銀座店　03-3289-6811
		専	クリスチャンディオール　銀座店　03-5537-8333
		専	コーチ　銀座店　03-5537-5145
		専	フェラガモ　銀座店　03-6215-9301
	★	専	フット専門店ロワ　03-5524-2204
		専	フルラ　銀座店　03-5524-5570
	◎	専	銀座かねまつ　銀座６丁目本店　03-3573-0077
	◎	専	銀座フットステップ靴店　03-3535-3655
	◎	専	銀座ヨシノヤ　銀座6丁目本店　03-3572-0391
		関	Salon de Pure Body　03-3567-3100
		専	東急ハンズ　銀座店　03-3538-0109
		専	コール・ハーン　松屋銀座店　03-3567-1211

東京都		専	ルイ・ヴィトン　松屋銀座店　03-3567-1211
	◎	百	松屋銀座店　03-3567-1211
		百	三越伊勢丹　三越銀座店　03-3562-1111
	◎	専	リーガルシューズ　新橋店　03-3591-8666
		専	パラブーツ青山店　03-5766-6688
		専	ジョンロブ　東京ミッドタウン店　03-6459-2425
		専	ＧＵＣＣＩ 青山店　03-5469-1911
		専	ティンバーランド　青山店　03-3355-0821
		専	朝日堂靴店　03-3401-2644
		専	コーチ　表参道店　03-5468-7121
		専	ESPERANZA OUTLET ＡＢＡＢ上野店　03-5688-1318
		専	アートスポーツ・ODBOX　本店　03-3833-8636
		量	エービーシーマート　ABC-MART御徒町店　03-5818-3081
		専	チヨダ　シュープラザ　上野店　03-5807-2290
	★☆	百	上野マルイ　03-3833-0101
		専	コーチ　上野松坂屋店　03-5807-6610
		百	大丸松坂屋百貨店　松坂屋上野店　03-3832-1111
		専	多慶屋　03-3835-7777
		関	ROXフィットネスクラブbegin　03-3836-7711
		専	サロン・ド・シアン　03-3844-4192
		専・製	日元倶楽部　オーダーインソール専門店クイスクイス　03-6231-4255
	◎★☆	専	シューズショップ　カメヤ　03-3268-1883
	◎　☆	専	ダイナス製靴　足と靴の相談室　03-3908-1754
		専	靴のフクヤマ　03-3894-0261
		関	シンデレラシューズ　080-4850-1155
		専	パラマウント・ワーカーズ・コープ　03-3881-2615
		専	ハッシュパピーSS　北千住店　03-3888-2339
		量	プリーズ　03-3881-0686
	◎	関	プラスワン 足立小台店　03-3888-2645
	★☆	量	イトーヨーカドー　竹の塚店　03-3850-2211
		専	木島履物店　03-3886-5857
		専	シューズショップ　コタニ　03-3696-0409

東京都		専　シューズショップ　イワサキ　03-3607-1702
		量　イトーヨーカドー　アリオ亀有　03-3838-5111
		専　チヨダ　東京靴流通センター　亀有店　03-5680-8140
		専　シュー・パブ　錦糸町店　03-3846-0256
		専　シューフィッティングのなかじま　03-3632-8867
		専　靴専科 門前仲町店　03-5620-8805
		百　アシックス　京王新宿店　03-6369-8900
	◎★☆	百　アシックス　小田急町田店　03-3342-1111
		関　エヌ・オー・ティー　03-5479-7002
		専　ハッシュパピー SS　大井町店　03-3778-2492
	◎★	専　ジェンティーレ東京　03-3493-5840
		関　エスエルピイ（SHOE'S LAST PLANNING）　03-6421-5031
		専　チヨダ　東京靴流通センター　武蔵小山店　03-3784-5762
	★	専　ロビンフット 大森店　03-6423-0733
		専　ヴィクトリア　蒲田店　03-5711-1821
		専　チヨダ　東京靴流通センター　蒲田東口店　03-3732-2207
		量　ペアスロープ　03-3778-2616
		関　ダイナゲイト　フットラボ　03-3400-0199
		専　ニューバランス　東京店　03-5774-8576
	◎	専　ニューバランス　原宿店　03-3402-1906
		専　バツ　Think　表参道店　090-4972-0817
		専　ルイ・ヴィトン　表参道店　0120-001-854
		専　CIKIU world of Crafts　03-3477-5921
		百　東急百貨店　東横店　03-3477-3111
	★	専　ウインザーラケットショップ　渋谷店　03-3464-9251
		量　エービーシーマート　ABC-MART渋谷店　03-3477-0602
		専　A S Bee　渋谷センター街店　03-5459-9211
		百　渋谷マルイ　03-3464-0101
		専　エルメス　渋谷東急本店　03-3477-3111
		専　コール・ハーン　渋谷東急本店　03-3477-3111
	◎★☆	百　東急百貨店　本店　03-3477-3111
		百　そごう・西武　西武渋谷店　03-3462-0111

東京都		百	東急百貨店　渋谷ヒカリエshinQs　03-3461-1090
		百	アシックス　髙島屋新宿店　03-5361-1111
	◎	専	セルジオ・ロッシ　新宿タカシマヤ店　03-5361-1289
		専	コーチ　新宿髙島屋店　03-5361-1111
	◎	百	髙島屋　新宿店　03-5361-1111
		専	ｋｉｙｏ-Ｔｏｋｙｏ　03-6459-5724
	◎	専	ECCO 自由が丘店　03-3723-7883
		専	プリーズ・アーチ　自由が丘店　03-5701-4192
		専	住吉屋　Santnana 三軒茶屋店　03-3410-6773
	◎	専	アシックスウォーキング　下北沢店　03-3465-3612
		関	フットサロンパザパ　下北沢店　03-5738-7506
		関	歩っとけあ　03-6677-3427
	★	専	靴のキング堂　03-3726-4366
		専	銀座ヨシノヤ　玉川SC店　03-3709-6524
	◎	百	髙島屋　玉川店　03-3709-3111
	◎	専	Re-Fit　03-5925-8725
		専	TAKA-Q　新宿本店　03-3352-5582
		専	ヴィクトリア　L-Breath 新宿店　03-3354-8951
		専	ヴィクトリア　新宿店　03-3354-8311
		専	オッシュマンズ　新宿店　03-3353-0584
		専	カンペール　新宿フラッグス店　03-3225-6084
		専	コーチ　新宿店　03-5361-7510
	◎	専	ティンバーランド　伊勢丹新宿PC4店　03-3355-0821
		専	バレンシアガジャパン　新宿伊勢丹店　03-3352-1111
		専	フェラガモ　伊勢丹新宿店　03-3352-1111
	◎	関	フットケア専門店　Ｒｕａｍａｒｒｙ　03-6205-6637
		百	プラダ　新宿伊勢丹店　03-3352-1111
	◎	百	三越伊勢丹　伊勢丹新宿本店　03-3352-1111
	●★	専	シューズプラス　ホリコシ　03-3371-1033
		専	タイセン　小田急百貨店新宿店　03-3342-1111
	◎	専	タップス　小田急百貨店新宿店　03-3342-1111
		専	ワコール　小田急百貨店新宿店　03-3342-1111

東京都	★	百	小田急百貨店　新宿店　03-3342-1111
	★	百	京王百貨店 新宿店　03-3342-2111
	◎	専	銀座ヨシノヤ　京王百貨店新宿店　03-3342-2111
		関	キッコジャパン　03-3269-1917
		百	中野マルイ　03-3382-0101
	◎	専	シュークリニック 靴のマシモ　03-3386-5083
		量	西友　荻窪店　03-3393-1151
		専	カモシカスポーツ　山の店・本店　03-3232-1121
	◎	専	アルプスシューズ　03-3949-0086
	●★	専	アルカ　03-3983-0133
		専	ウインザーラケットショップ　池袋店　03-3989-0401
		専	ヴィクトリア　L-Breath 池袋西口店　03-5985-0831
		専	エチゴヤ靴店　03-3971-0985
		専	コーチ　池袋東武店　03-5951-6501
		専	サン・クリスピン　東武百貨店池袋店　03-3981-2211
	◎★☆	百	東武百貨店 池袋店　03-3981-2211
		専	コーチ　池袋西武店　03-5956-3281
	◎★☆	百	そごう・西武　西武池袋本店　03-3981-0111
		専	村井靴店　03-3956-4206
		専	チヨダ　東京靴流通センター　練馬店　03-3948-0420
	◎　☆	専	シューズハウス ふみや　03-3996-4539
		専	ヴィクトリア　光が丘店　03-5998-2001
		専	コンドル靴店　03-3933-0545
		専	ＩＣＩ石井スポーツ　吉祥寺店　0422-23-7740
		専	ヴィクトリア　L-Breath 吉祥寺店　0422-23-6701
		専	オッシュマンズ　吉祥寺店　0422-28-7788
		専	シュー・パブ　吉祥寺店　0422-21-6082
		専	チヨダ　シュープラザ　吉祥寺本店　0422-23-7092
		専	プリーズ・アーチ　コピス吉祥寺店　0422-28-4192
		専	ステップ・イン・ステップ 吉祥寺店　0422-72-5592
	★	百	東急百貨店　吉祥寺店　0422-21-5111
		百	丸井吉祥寺店　0422-48-0101

東京都	★	専	オートフィッツ吉祥寺　0422-47-8891
	★	量	チヨダ　シュープラザ　三鷹かえで通り店　0422-39-5325
		専	アミークスメディカル　a pied（ア・ピエ）　03-6279-6823
		専	ダイアナ　調布パルコ店　0424-89-5151
		専	銀座ヨシノヤ　府中伊勢丹店　042-368-8175
	★	量	ベビーザらス 府中店　042-334-4481
		専	カナイシューズ　042-577-1717
		専	一歩堂　042-569-7192
		専	石沢靴店　042-572-9481
		専	シュー・パブ　田無店　0424-63-9111
		量	西友　リヴィン田無店　042-466-1511
		専	チヨダ　東京靴流通センター　東村山駅東口店　042-390-8139
		量	西友　久米川店　042-394-3311
	◎★☆	百	三越伊勢丹　伊勢丹立川店　042-525-1111
		専	リーガルシューズ　ルミネ立川店　042-527-1411
		専	チヨダ　シュープラザ　立川フロム中武店　042-548-4120
		専	ルイ・ヴィトン　立川高島屋店　042-525-2111
		専･製	コンフォートクリニック立川タカシマヤ店　042-525-2111
		百	髙島屋　立川店　042-525-2111
		専	靴のマルタカ　0426-26-4628
		専	フィットハウス　八王子店　0426-78-7088
		専	チヨダ　東京靴流通センター　八王子楢田支店　042-666-3339
	◎★☆	専	ヴィクトリア　町田東急ツインズ店　042-710-8790
		専	ウインザーラケットショップ　町田店　042-727-0102
		関	靴修理と合鍵 シューリン　042-723-8477
		量	西友　町田店　042-726-3611
	◎	専	フットライフ きゃろっと　042-732-8149
	★	百	小田急百貨店　町田店　042-727-1111
		量	東急ストア あきる野店　042-550-0109
		専	チヨダ　シュープラザ　青梅インター店　0428-32-4362
		量	イオン　東久留米店　042-460-7300
		百	アシックス　京王百貨店 聖蹟桜ヶ丘店　042-337-2111

東京都		専	シュー・パブ　聖蹟桜ヶ丘店　042-337-2395
		専	ときわスポーツ 聖蹟桜ヶ丘店　042-337-9009
	◎	百	京王百貨店 聖蹟桜ヶ丘店　042-337-2111
		専	９ｇａ ｆｏｏｔｗｅａｒ　042-319-6686
	◎	専	靴工房 ゲズントハイト　042-564-1192
		専	ヴィクトリア　イオンモールむさし村山店　042-590-1041
神奈川県		専	アシックスウォーキング　川崎アゼリア店　044-246-6720
		百	丸井川崎店　044-245-0101
		専・製	ATSUSHI INOUE　044-288-0148
		百	そごう・西武　西武・そごう武蔵小杉SHOP　044-431-8880
		専	コーチ　ラゾーナ川崎店　044-874-8246
	★☆	専	A S Bee　横浜店　045-320-9298
		専	かねまつ　POOLSIDEジョイナス店　045-323-5677
		専	グリーンボックス　ダイエー横浜西口店　045-312-6822
		関	ペディキュール　045-290-3399
		専	ウインザーラケットショップ　横浜店　045-453-1785
		百	マルイシティ横浜　045-451-0101
		専	コーチ　横浜そごう店　045-465-5176
	◎★☆	百	そごう・西武　そごう横浜店　045-465-2111
		専	ダイナス製靴　髙島屋横浜店　045-311-5111
	◎★	百	髙島屋　横浜店　045-311-5111
		専	スギエ靴店　045-421-8348
		専	シュー・パブ　日吉店　045-560-1661
		専	AcureZ　モザイクモール港北　都筑阪急店　045-914-2317
	◎	専	シュー・パブ　たまプラーザ店　045-903-2415
		専	銀座ヨシノヤ　たまプラーザ店　045-905-2520
	★	百	東急百貨店　たまプラーザ店　045-903-2211
	◎	専	シューズ サブリナ　045-901-2359
		専	ハッシュパピー　イオン相模原店　042-769-7600
		専	森スポーツ　042-773-1450
	★	専	健康靴アミカ　045-834-7751
		量	イトーヨーカドー　鶴見店　045-521-7111

神奈川県	☆	専	プロフィット　イイジマ　045-261-3054
	★	百	京急百貨店　045-848-1111
		百	髙島屋　港南台店　045-833-2211
		専	ニューバランス　ファクトリーストア横浜　045-770-5371
	◎	専	地球堂商事　046-828-4100
	◎★☆	専	わかまつ靴店　046-851-4428
		専	グリーンボックス　天王町店　045-336-9959
		専	シューズ タカツカ　045-371-2289
		専	チヨダ　シューズプラザ　横浜四季の森店　045-958-1241
	★☆	量	イオン　大和店　046-269-1111
		専	チヨダ　You-Hola! Skip　ららぽーと海老名店　046-292-7355
		専	チヨダ　シュープラザ　厚木店　046-222-2183
		量	西友　二俣川店　045-365-1111
		専	ヴィクトリア　オーロラモール東戸塚店　045-828-2425
		百	そごう・西武　西武東戸塚店　045-827-0111
		専	イシケンスポーツ 瀬谷店　045-301-6044
	◎★☆	専	イトウ靴店　大船店　0467-46-6471
		専	コマヤシュー　鎌倉靴コマヤ　0467-22-4300
		専	大津屋 ヤマト　0465-22-2828
		百	そごう・西武　西武小田原店　0465-49-7111
	◎	専	モードハヤマ　0466-28-0692
		専	アシックスウォーキング　藤沢店　0466-24-8478
		専	ティンバーランド　テラスモール湘南店　0466-38-1636
		専	チヨダ　シュープラザ　湘南藤沢店　0466-30-1181
	★	関	リペアショップ コッポリ　0466-25-9388
		量	イオン　藤沢店　0466-88-4111
		百	小田急百貨店　藤沢店　0466-26-6111
	●★	専	靴のみやざき　0466-44-0134
		専	チヨダ　シュープラザ　綾瀬タウンヒルズ店　0467-79-5264
	◎★	専	イトウ靴店　ハッシュパピーSS茅ヶ崎店　0467-85-3966
		専	佐草靴店　0467-75-4214
		専	F・Shokai 藤原商会　090-9321-3458

神奈川県		専	チヨダ　シュープラザ　秦野店　0463-84-5507
	◎★☆	専	頼住靴店　0463-93-3341
新潟県		専	富山ワシントン靴店　パレード長岡アークガレリア店　0258-22-5614
		専	シューマート　長岡マーケットモール店　0258-29-8892
		専	REGAL SHOES 長岡店　0258-29-4192
		専	ささや アコーレ店　0255-21-2507
		専	ささや　0255-72-2138
	◎	専	かじまや　0257-52-2279
	☆	専	シューマート　新潟南店　025-287-4192
	◎★☆	専	靴のやまごん　新潟西店　025-378-8284
	◎	専	佐野　025-227-5192
		専	リーガルシューズ　新潟東掘店　025-226-6001
	◎	専	ブールジョン　025-222-3530
		百	三越伊勢丹　新潟三越　025-227-1111
		専	コーチ　新潟三越店　025-226-7553
	◎★☆	専	靴とカバンハギハラ　0259-52-2442
		専	靴とカバンハギハラ（エキスパート　ハギハラ）　0259-52-5867
	★	専	ぬしせ靴店　フットパーク ヌシセ店　0258-63-2071
	☆	専	シューズショップ　イトー　0256-32-1532
		専	シューマート　三条須頃店　0256-36-6550
		専	靴のやまごん　村上プラザ店　0254-50-1106
		専	靴のやまごん　胎内国道店　0254-44-7733
富山県		専	ワシントン靴店　076-422-2531
		百	大和 富山店　076-424-1111
	◎★	専	足と靴のサイズ　076-475-8521
		専	靴とかばんのたかや　0763-32-2237
		専	靴のタルミ　0763-52-0383
		専	キシモト靴店　076-455-1415
		専	ワシントン靴店　076-461-5610
石川県		専	かねまつ　POOLSIDE金沢フォーラス店　076-265-8277
		専	シューショップセブン　076-221-2071
	●	専	プロフェッショナルシューフィッティングNOSAKA 本店　076-231-0110

石川県		百	大和 香林坊店　076-220-1111
		専	シュー・パブ　金沢店　076-220-1933
		専	フクズミ　076-275-0077
福井県		百	そごう・西武　西武福井店　0776-27-0111
山梨県		専	シュー・パブ　甲府店　055-227-0932
		専	シューマート　甲府富士見店　055-227-0066
		専	シューマート　甲府向町店　055-242-9294
	★	専	岡本屋履物店　0555-22-1290
		量	イオン　甲府昭和店　055-268-7800
		専	シューマート　甲府昭和店　055-230-8022
長野県		専	H.P.S　ながの東急店　026-226-8181
		専	コーチ　ながの東急店　026-269-0061
		百	ながの東急百貨店　026-226-8181
		専	シューマート　長野稲里店　026-286-1657
		専	シューマート　須坂店　026-251-2482
	◎★	専	クツのアゲハヤ　Hush Puppies こもろ店　0267-23-2525
		専	シューマート　佐久平店　0267-66-0172
		専	シューマート　上田国分店　0268-26-4192
	◎	専	子ども靴専門店ｙａｙａやや　0263-34-1210
		専	足と靴の専門店イグチ　0263-34-1210
		専	シューマート　松本つかま店　0263-87-2292
		百	井上 アイシティ 21店　0263-97-3910
		専	シューマート　諏訪赤沼店　0266-58-7431
		専	モンベル　諏訪店　0266-71-1577
		専	靴のクサマ　0266-22-2739
	◎	専	ヨシハラ靴店　0266-22-3802
	◎	専	足の健康と靴を考える店 カインド　0265-23-9241
	◎	専	シューマート　飯田インター店　0265-21-1571
		専	シューマート　伊那店　0265-74-1661
	◎	専	シューマート　松本村井店　0263-86-3309
		専	シューズセンター フジタヤ　0266-41-0340
		専	キタノヤ靴店 K--ＰＯＩＮＴ　0266-43-1919

長野県		専	北野屋靴店　0266-43-1919
	◎★☆	専	足に優しいコンフォートシューズ販売店　かみむら　0264-22-2463
		専	福寿屋　0263-62-2253
	◎★☆	専	シューマート　アミーホタカ店　0263-82-8508
		専	白馬ヤマトヤ　0261-72-2200
岐阜県		百	髙島屋　岐阜店　058-264-1101
		専	たんぽぽ　058-263-9639
		専	ハッシュパピーSS　岐阜店　058-262-2532
		専	靴の専門店 広瀬本店　058-262-3966
		専	ぶんぶん　058-295-0977
	◎★☆	専	SHOES　STAGE　058-232-2252
		専	ハッシュパピー　イオンモール各務原店　058-375-3004
		専	リーガルコーポレーション　naturalizer　058-379-3690
		専	バイクエイト　0572-22-8013
		専	池のや　0572-22-2484
		専	フィットハウス　可児店　0574-63-5440
		専	マドラス　セレクトワールドシューズ 土岐プレミアムアウトレット店　0572-26-8187
		専	シューズプラザ東京堂　0572-67-2184
	◎　☆	専	三喜屋靴店　0572-68-2934
静岡県		専	沼津ワシントン靴店　055-962-3296
		専	コーチ　御殿場プレミアムアウトレット　0550-81-5240
	☆	専	シュー・パブ　御殿場店　0550-81-5215
		専	チヨダ　シュープラザ　御殿場店　0550-81-0383
		専	東京ゴム　0557-82-4156
		専	チヨダ　東京靴流通センター　富士中央店　0545-53-6288
	★	百	三越伊勢丹　静岡伊勢丹　054-251-2211
		専	銀座ヨシノヤ　静岡伊勢丹店　054-255-2866
	●	専	フットフリーク 喜足庵　054-221-7383
		専	モード・エ・ジャコモ 松坂屋静岡店　054-205-2608
		小	足と靴のカウンセリング　パザパ　静岡店　054-255-3260
	◎	専	靴のスキップ　054-248-0453
		百	大丸松坂屋百貨店　松坂屋静岡店　054-254-1111

静岡県		専	チヨダ　シュープラザ　下川原店　054-268-4551
	★☆	専	シューズショップ　みつぼし　0548-52-0318
		専	シューズショップ　みつぼし　菊川店　0537-37-0511
		量	ユニー ピアゴ大覚寺店　054-621-1811
	◎	専	レノックス トミタ　053-454-2300
	◎	専	銀座かねまつ　浜松メイワン店　053-457-4077
		専	モードキリン　053-453-8605
	★	百	遠鉄百貨店　053-457-0001
		専	東京靴　シューズ愛ランド浜松西店　053-445-1212
		専	チヨダ　シュープラザ　イオンタウン浜松葵店　053-430-6011
		専	ハッシュパピー イオンモール浜松市野店　053-546-2523
		専	グリーンボックス　袋井店　0538-49-1481
愛知県		専	チヨダ　東京靴流通センター　豊橋飯村店　0532-64-5902
		専	シューズショップ　イシハラ　0533-87-3578
		専	大丸靴店　0533-68-0186
		専	スーパースポーツゼビオ　岡崎インター店　0564-25-5422
		専	フセン堂　0563-59-6574
		百	そごう・西武　西武岡崎店　0564-59-0111
		専	加藤　てんぐ屋　0563-57-2906
		専	靴の杉浦 中央通り店　0563-54-2405
	◎	専	シューズギャラリーコヤナギ　0563-56-1276
	★☆	専	フットバランス　0566-75-1884
		専	フィットハウス　安城店　0566-76-9331
		専	靴の大盛堂　0566-42-7948
	◎	専	石川屋靴履物店　0566-42-5038
	●　☆	専	快足楽歩カンパニー おさだウィズ店　0566-24-2421
	◎★☆	百	ジェイアール東海名古屋髙島屋　052-566-1101
		専	ミキハウス　ジェイアール東海髙島屋店　052-566-8399
		専	コーチ　名古屋ＪＲ髙島屋　052-569-6231
	◎	百	名鉄百貨店　052-585-1111
		専	シューズボナンザ　052-564-5900
		専	アルコマイスター　052-486-0816

愛知県	◎	☆	専	シューズショップ　HASHIMOTO　052-382-1838
			専	宇津美スポーツ　052-692-3111
			専	コーチ　名古屋栄店　052-959-2041
			専	銀座かねまつ　名古屋セントラルパーク店　052-971-0877
			専	フィットハウス　名古屋千種店　052-269-3686
			専	NEXT　FOCUS　栄本店　052-252-9289
			専	Ven　Ten　052-202-8867
			専	リーガルファクトリーストア　名古屋店　052-241-6244
			専	リーガル名古屋中日ビル店　052-242-2585
			専	丸丹スポーツ用品　052-251-1711
	★		専	アルシュ　松坂屋名古屋店　052-251-1111
			百	アシックス　松坂屋名古屋店　052-251-1111
			専	バリー　松坂屋名古屋店　052-251-1111
			専	カルティエブティック　松坂屋名古屋店　052-251-1111
	◎		専	銀座ヨシノヤ　名古屋松坂屋店　052-251-1111
			専	コール・ハーン　三越名古屋店　052-252-1360
			専	銀座ヨシノヤ　三越名古屋栄店　052-618-7712
			百	丸栄　052-264-1211
	◎		専	酒井靴鞄店　052-936-4328
		☆	量	アピタ　新守山店　052-792-9011
	★		関	佐々テニス企画　052-705-0331
			専	バドミントンクラブハウス　Chick　052-893-7292
			百	大丸松坂屋百貨店　松坂屋名古屋店　052-251-1111
			専	なかむら洋品店　0565-76-2710
			百	大丸松坂屋百貨店　松坂屋豊田店　0565-37-1111
			専	健康靴工房　Celupie（セルピエ）小出　0562-48-0245
	◎		専	ナチュラル フィット　パレマルシェ・神宮店　052-683-4500
	◎★☆		専	shoes studio FootQuest　0569-22-1192
			専	フィットハウス　東海店　052-689-1662
	◎		専	中京履物 くっく知多店　0562-56-5658
			量	ヨシヅヤ　豊山テラス　0568-28-4111
			百	三越伊勢丹　名古屋三越栄店　052-252-1111

愛知県		専	フィットハウス　小牧店	0568-43-2227
		専	赤ちゃん本舗 春日井店	0568-87-7451
		専	フィットハウス　瀬戸店	0561-87-2080
		専	シューズサロン マルゲン	0586-72-3933
		百	名鉄百貨店　一宮店	0586-46-7111
		量	ヨシヅヤ　津島本店	0567-23-7111
		量	ヨシヅヤ　豊山テラス	0568-28-4111
		専	靴のホッタ　エルパス弥富店	0567-65-8056
三重県		百	近鉄百貨店　四日市店	059-353-5151
		専	コーチ　三井アウトレットパークジャズドリーム長島	0594-45-8202
		量	メガスポーツ　スポーツオーソリティ鈴鹿店	0593-75-0655
		専	シューギャラリーミズタニ	059-225-3252
		専	はしもと靴店	0596-24-4517
滋賀県	◎★☆	関	WOHLTAT　（ヴォールタート）	077-544-3207
		専	ハッシュパピー　フォレオ大津一里山店	077-549-2120
		百	そごう・西武　西武大津店	077-521-0111
		専	チヨダ　シュープラザ　モリーブ守山店	077-581-3026
		百	近鉄百貨店　草津店	077-564-1111
京都府		専	ボッテガヴェネタ 京都店	075-254-7202
		専	グランビジェ	075-241-7602
		専	コーチ　京都大丸店	075-288-7314
		専	バリー　大丸京都店	075-241-7018
		専	ピドックス　大丸京都店	075-241-7275
	◎　☆	百	大丸松坂屋百貨店　大丸京都店	075-211-8111
	◎	百	髙島屋　京都店	075-221-8811
		百	ジェイアール京都伊勢丹	075-352-1111
	◎★☆	専	グリーンボックス　洛南店	075-661-3345
		専	Piccolo Kyoto	075-705-3201
		専	ウェルネス&シューズサロン　フラウプラッツ	075-493-5533
		専	エストネーション京都店	075-253-0445
		専	メディゲイト　京都店	075-200-9517
		専	チヨダ　シュープラザ　桂店	075-382-1088

京都府		専	たなべ洋装店　0773-22-8948
		専	Ash　Gran（アッシュ　グラン）　0773-45-6005
	★☆	量	エール　東舞鶴店　0773-66-0098
		専	メガスポーツ　スポーツオーソリティ京都桂川店　075-924-2860
大阪府		専	Active Support かつき　06-6863-2603
		専	ウインザーラケットショップ　梅田店　06-6343-8971
		専	エルメス　ヒルトンプラザ店　06-6347-7471
		専	スーパースポーツゼビオ　ヨドバシ梅田店　06-6292-4064
		専	Step　SteP SPORTS 大阪店　06-6292-2213
		専	コーチ　阪急メンズ大阪　06-6131-0740
		専	マ・メール　帝国ホテルプラザ大阪　06-6881-0080
	◎　☆	百	大丸松坂屋百貨店　大丸梅田店　06-6343-1231
	◎★☆	専	卑弥呼　大丸梅田店　06-6344-7522
		百	アシックス　阪神百貨店梅田本店　06-6345-1201
		百	阪急阪神百貨店　阪神梅田本店　06-6345-1201
		専	コーチ　うめだ阪急　06-6313-7551
		専	バリー　阪急百貨店　06-6313-7561
	◎	百	阪急阪神百貨店　阪急うめだ本店　06-6361-1381
		専	ナチュラルウォークデザイン　06-6886-1121
	◎　☆	専	タツヤ靴店　06-6922-2168
		専	リーガルファクトリーストア　三井アウトレットパーク大阪鶴見　06-6913-8718
		専	エニット大門　06-6251-4190
		専	ワールドポイント　06-6484-7327
		関	靴工房ロングストリート　080-2210-6392
		専	ミズノ 大阪店　06-6223-7311
		専	アシックスウォーキング　なんば戎橋店　06-6212-3761
		専	エルメス高島屋大阪店　06-6631-1101
		専	Step　SteP 心斎橋店　06-6245-9211
	●	専	モネ・テラモト　06-4705-0033
		専	ビルケンシュトック　心斎橋店　06-4704-6466
		専	ロエベショップ　大丸大阪心斎橋店　06-6120-9062
		百	大丸松坂屋百貨店　大丸心斎橋店　06-6271-1231

大阪府		専	ア・テストーニ 大阪高島屋店　06-6647-3070
		百	アシックス　高島屋大阪店　06-6631-1101
		専	コーチ　大阪高島屋　06-6631-1101
		専	フェラガモ　高島屋大阪店　06-6631-1101
	◎	百	高島屋　大阪店　06-6631-1101
		小	リーガルシューズ　天王寺ＭＩＯ店　06-6779-9006
		百	近鉄百貨店　上本町店　06-6775-1111
		百	コーチ　あべのハルカス近鉄本店　06-6625-2629
		専	バリー　あべのハルカス近鉄本店　06-4703-5931
	◎	百	近鉄百貨店　あべのハルカス近鉄本店　06-6624-1111
	◎	専	ニューバランス　大阪　06-6578-9040
		専	アシックスウォーキング　なんばパークス店　06-6641-5101
		専	ビーユー　アクトスポーツ　06-4398-7201
	★	専	AcanB international 大阪店　06-6844-3121
		専	足と靴の健康館 アトリエ　るびえ　072-724-4646
		専	アドバンスドフット　06-6385-6051
		専	AOKI　大阪千里総本店　06-6387-8988
		専	グリーンボックス　茨木店　072-623-8216
		専	ナチュラライザー　イオンモール茨木店　072-621-8111
		専	チヨダ　シュープラザ　高槻イオン店　072-660-2621
	◎	専	大持靴店　072-683-1313
		百	そごう・西武　西武高槻店　072-683-0111
	◎	百	大丸松坂屋百貨店　松坂屋高槻店　072-682-1111
		専	スーパースポーツゼビオ　大阪守口店　06-6916-5550
		百	京阪百貨店　守口店　06-6994-1313
	◎★☆	専	M' s　Foot　072-825-1192
	◎　☆	専	ティオ フジヤ　072-843-4475
		百	京阪百貨店　ひらかた店　072-846-1313
		百	京阪百貨店　くずはモール店　072-836-1313
	◎	専	足と靴の相談室 カワイ　072-953-2206
	◎	専	シューズ タナカ　i・i・kook　0721-23-5553
		百	高島屋　堺店　072-238-1101

大阪府		百	髙島屋　泉北店　072-293-1101
		専	カグラ KAGURA　072-253-1192
	◎	百	阪急阪神百貨店　堺北花田阪急　072-240-7710
		量	イオン　新金岡店　072-252-5121
		専	チヨダ　シュープラザ　堺インター店　072-295-6002
	☆	量	イトーヨーカドー　アリオ鳳店　072-274-4111
兵庫県		専	アシックスウォーキング三宮　078-391-2075
		専	ワールド メディテラス神戸　078-335-2181
	◎	専	Ｓｐｉｔｉｆａｒｏ　神戸店　078-381-9643
		専	バーニーズニューヨーク　神戸店　078-335-1020
		専	エルメス　大丸神戸店　078-331-8121
		専	ＧＵＣＣＩ　神戸大丸店　078-331-8121
		専	バリー　大丸神戸店　078-331-6640
	◎★	百	大丸松坂屋百貨店　大丸神戸店　078-331-8121
		専	cloverleaf　078-983-3345
		専	アディダス/リーボック/ロックポート ファクトリーアウトレット 神戸三田　078-983-3893
		専	グリーンボックス　神戸北店　078-986-8230
		専	コーチ　神戸三田プレミアムアウトレット　078-983-3480
	★	百	そごう・西武　そごう西神店　078-992-2111
	◎	百	そごう・西武　そごう神戸店　078-221-4181
		専	銀座かねまつ　そごう神戸店　078-251-3977
		専・製	快足館　078-646-4192
		百	大丸松坂屋百貨店　大丸須磨店　078-791-3111
		専	山添商店　078-706-9447
		量	イオン　ジェームス山店　078-753-8666
		専・卸	シューズショップ　セオ　0799-22-1068
		専	オーエスエムヘルプスト　078-802-8022
	◎	専	夕貴ギャルリーサロン　0797-34-3222
		百	大丸松坂屋百貨店　大丸芦屋店　0797-34-2111
		専	mille foglie　090-7878-1397
		百	阪急阪神百貨店　あまがさき阪神　06-6498-9500
		百	阪急阪神百貨店　西宮阪急　0798-62-1381

兵庫県	◎　☆	専	シューズショップ　コンドル　0797-71-2372
		専	チヨダ　東京靴流通センター　山本野里店　0797-89-7041
		専	靴PASTEL　0796-23-7150
		量	イズミ　ゆめタウン丹波　0795-82-8500
		専	チヨダ　東京靴流通センター　姫路辻井店　079-295-8692
		専	グリーンボックス　姫路店　079-283-2280
		百	山陽百貨店　0792-23-1231
		量	平田屋　ジョリサック　079-222-1166
	◎　☆	専	サンミッシェル　079-288-5751
		専	足楽　080-3118-1004
		専	タツミスポーツ　078-911-5148
		専	チヨダ　シュープラザ　淡路島洲本店　0799-22-0130
		専	靴とはきもの 木村屋　0790-22-0961
奈良県		専	ドイツコンフォート アルコ　0743-87-9338
		百	近鉄百貨店　生駒店　0743-74-5511
		専	チヨダ　靴チヨダ　パラディ学園前店　0742-53-7080
		百	近鉄百貨店　奈良店　0742-33-1111
	☆	量	ヤマトー 八木店　0744-21-1000
		専	東京靴　シューズ愛ランド橿原店　0744-20-1515
	◎	専	リーガルシューズa・k・a　イオンモール橿原店　0744-21-8113
		専	ハッシュパピー　イオンモール橿原店　0744-29-0533
		百	近鉄百貨店　橿原店　0744-25-1111
		専	マツダスポーツ　高田店　0745-52-2450
和歌山県		専	タイラゴルフ　0734-71-7486
鳥取県	★	専	シューズショップ　コマツ　0858-26-5343
		専	リーガルシューズ　米子店　0859-22-4192
		専	dupree　米子店　0859-35-2200
島根県		専	フォークラップス　0852-67-3917
		百	一畑百貨店　松江店　0852-55-2500
		量	イズミ　ゆめタウン浜田　0855-23-7700
岡山県		専	よしみや　086-254-0158
	◎★☆	専	山岡靴店　090-4892-6744

岡山県		専	グリーンボックス　岡山店　086-238-2988
		量	チヨダ　シュープラザ　岡山店　086-805-6345
		専	コーチ　岡山髙島屋店　086-221-3886
		百	髙島屋　岡山店　086-232-1111
	◎　☆	専	中山靴店　岡山店　086-231-7761
	★	百	天満屋　岡山店　086-231-7111
		専	チヨダ　シュープラザ　東岡山店　086-208-5340
	◎★☆	専	中山靴店　玉野店　0863-33-9538
		専	東京靴　シューズ愛ランド津山店　0868-28-7050
	◎	専	ブティック・イノウエレディスコレクション　0868-22-4536
		量	イズミ　ゆめタウン平島　086-297-5678
		専	靴のやまの　086-463-6768
	☆	専	ラ・ヴィ 木村　086-423-0277
		関	靴工房 ＧＲＡＴＯ　086-476-7725
		専	チヨダ　シュープラザ　倉敷店　086-434-9777
	◎	専	中山靴店　倉敷店　086-426-2358
		専	チヨダ　シュープラザ　児島駅前店　086-470-5565
		専	あかい靴　086-473-2030
	★	専	靴のやまの トップス店　086-525-0389
広島県		専	シューズラボ Cue　084-921-1366
	◎	百	天満屋　福山店　084-927-2111
		専	チヨダ　シュープラザ　神辺フレスポ店　084-960-3178
		百	福屋　八丁堀本店　082-246-6111
		専	ミタキヤ　082-247-1374
		専	スピングルムーヴ　広島店　082-247-3597
	◎	専	快足屋　082-232-6223
		専	エルメス　そごう広島店　082-512-7505
	◎★☆	百	そごう・西武　そごう広島店　082-225-2111
		専	卑弥呼　そごう広島店　082-225-2111
	◎	百	三越伊勢丹　広島三越　082-242-3111
		専	銀座かねまつ　福屋八丁堀本店　082-240-0077
		専	銀座ヨシノヤ　広島福屋店　082-246-1890

広島県		量	イズミ　ゆめタウン祇園　082-874-8111
		量	イズミ　ゆめタウン 安古市　082-872-1333
		量	イズミ　ゆめタウン吉田　0826-42-1400
	◎	専	足にやさしい靴屋さん ユアサ　082-282-7576
	◎★☆	百	福屋　広島駅前店　082-568-3111
	◎	百	天満屋　広島・アルパーク店　082-501-1111
		量	イズミ　ゆめタウン広島　082-252-8000
		量	イズミ　ゆめタウンみゆき　082-255-6000
	★	専	チヨダ　シュープラザ　呉広店　0823-76-5623
		量	イズミ　ゆめタウン大竹　0827-57-8000
		量	イズミ　ゆめタウン 黒瀬　0823-82-5511
山口県		量	イズミ　ゆめタウン徳山　0834-27-1136
		専	エムラ 防府本店　0835-22-0014
	★	百	アシックス　下関大丸店　0832-32-1111
	◎	百	大丸松坂屋百貨店　下関大丸　083-232-1111
		量	イズミ　ゆめシティ　083-255-1000
		専	ヤマツル.クレイン　0832-45-0441
		専	山鶴　クレイン山口どうもん店　083-901-5033
	◎★	専	ムッシー　083-923-2380
		専	SHOES＆BAG yamada　083-922-3264
		専	東京靴　シューズ愛ランド山口店　083-933-1888
		専	ニュー中村屋　山口井筒屋店　083-902-1130
		専	アルペン　GOLF 5 山口店　083-925-8611
	◎	専	チヨダ　シューズプラザ　宇部店　0836-35-5611
		専	ハックルベリー　0836-21-0139
	★☆	専	茜おろーろ　0836-62-1200
徳島県		専	モンド・ジャコモ　088-626-1255
		百	そごう・西武　そごう徳島店　088-653-2111
		専	Shoes Collection Ｌ ａ Ｌ ａ 北島店　088-697-3311
	◎	専	シューズショップ　タケダ　藍住店　088-641-1458
		専	シューズショップ　タケダ　石井店　088-674-7799
香川県		専	チヨダ　シュープラザ　高松新中央通店　087-868-2258

香川県		専	コーチ　高松三越店　087-825-0734
	◎	専	ハマノ靴店　087-821-5917
		専	菱屋　087-851-6400
		専	チヨダ　シュープラザ　高松レインボーロード店　087-868-2258
	◎	百	三越伊勢丹　高松三越　087-851-5151
		専	チヨダ　シュープラザ　イオンモール高松店　087-842-7233
愛媛県		専	アシックスウォーキング　松山店　089-947-6414
	◎	専	シューズ＆バッグ　ＡＯＫＩ　089-947-6868
		専	つるや　089-933-3111
		専	チヨダ　シュープラザ　松山はなみづき通店　089-905-8040
		専	ピドックス　三越松山店　089-934-8110
		百	いよてつ高島屋　089-948-2111
	◎　☆	専	くつ家ともだ　0898-32-0964
		専	ちゃんぴおん　0895-22-3221
		専	チヨダ　シューズプラザ　今治店　0898-36-6300
高知県		専	shoesshop ＭＩＬＬＩＯＮ　088-823-5592
		専	walk inn つるや　088-825-0580
		専	大丸松坂屋百貨店　高知大丸　088-822-5111
		専	シューズ＆ファッション　やすおか　0887-76-2126
福岡県		専	シューズクラトミ　小倉店　093-967-6479
	◎	百	井筒屋　小倉店　093-522-3111
		専	スポーツオーソリティ　リバーウォーク北九州店　093-573-1570
		専	エッグ靴店　093-562-1192
		百	井筒屋　黒崎店　093-643-5255
	◎★☆	専	シューズクラトミ　大濠公園店　092-791-8542
	◎	百	三越伊勢丹　福岡三越　092-724-3111
		専	コーチ　岩田屋本店　092-725-1742
		専	バリー　岩田屋本店　092-723-0292
	◎	百	大丸松坂屋百貨店　大丸福岡天神店　092-712-8181
		小・卸	ハンドレッドテン　092-606-0151
		専	チヨダ　シュープラザ　トリアス久山店　092-931-9979
		専	フカヤ　タンタンサンリブくりえいと宗像店　0940-33-2319

福岡県		専	エルメス博多阪急店　092-461-1381
	◎★	専	シューズクラトミ　楽歩堂　博多阪急店　092-419-5780
		専	博多マルイ　092-415-0101
	★	百	阪急阪神百貨店　博多阪急　092-461-1381
		専	ＧＵＣＣＩ　博多店　092-263-5886
		専	靴のてらた　092-922-1091
		専	AOKI　福岡姪浜店　092-894-6888
		専	ゲンキ・キッズ　木の葉モール橋本店　092-407-2487
		専	チヨダ　シュープラザ　飯塚店　0948-26-8200
		専	靴のつる　0943-23-5566
		量	イズミ　ゆめタウン大牟田　0944-53-5000
佐賀県		専	コーチ　鳥栖プレミアムアウトレット　0942-84-7100
		専	ハッシュパピーアウトレット鳥栖店　0942-87-7329
		専	チヨダ　シュープラザ　モラージュ佐賀店　0955-20-4046
長崎県		量	イズミ　ゆめタウン夢彩都　095-823-3131
		専	ファシーレ カミナーレ　095-823-3111
	☆	専	シューズモリ　ハッシュパピー長崎店　095-828-0828
		専	シューズモリ　本店　095-822-0678
		専	靴のまえだ　0957-23-2356
		専	チヨダ　シュープラザ　大村空港通り店　0957-20-8172
		専	チヨダ　シュープラザ　矢峰店　0956-41-4120
		専	Ｋ．ＳＰＡＲＣＯ　0956-25-7234
		専	チヨダ　シュープラザ　早岐イオンタウン店　0956-26-5320
熊本県		専	キクタシューズ　096-354-5681
		専	ピドックス　鶴屋百貨店　096-327-3561
		専	西村本店　096-272-0132
		専	SHOES PLAZA M's WECKY店　096-273-3967
		専	SHOES PLAZA M's ＲＩＯ店　0968-46-5510
	◎	専	マツモト靴店　えびすぱーなシューズコーナー　0967-72-4787
		専	チヨダ　シュープラザ　サンロードシティ熊本店　096-214-1761
		専	チヨダ　シュープラザ　ゆめタウンはません店　096-334-1640
		専	シューズナポリ　0966-24-2067

熊本県	専	オリオン　0966-22-3524
	量	イズミ　ゆめタウン光の森　096-233-2211
	専	フットウェア-グッズ フジカワ　096-722-4505
大分県	専	チヨダ　シュープラザ　アクロスプラザ森町店　097-503-6075
	専	チヨダ　シュープラザ　サンリブわさだ店　097-586-1791
	百	トキハ　097-538-1111
	専	バリー　トキハ本店　097-538-1111
	専	靴のカガシヤ中津店　0979-25-2055
	専	チヨダ　靴チヨダ　三光店　092-595-5385
宮崎県	専	チヨダ　シュープラザ　浮ノ城店　0985-83-3071
	専	チヨダ　シュープラザ　日向店　0982-55-8255
	専	シューズサロン　おおみね　0986-22-0757
鹿児島県	量	チヨダ　シュープラザ　フレスポジャングルパーク店　099-214-3455
	専	チヨダ　シュープラザ　七ツ島店　099-210-9071
	専	loop（ループ）　099-248-9008
	専	靴の尚美堂　099-225-2685
	百	タップス　099-227-6058
	百	山形屋　099-227-6111
	専	チヨダ　シュープラザ　鹿屋バイパス店　0994-31-1552
沖縄県　◎	専	マキの靴　098-862-0160
	専	沖縄DFS　098-951-1269
	専	リウボウインダストリー　098-867-1171
	専	ルシェンテ　098-875-3141
	専	スポーツオーソリティ　沖縄ライカム店　098-931-1800
	専	チヨダ　シュープラザ　那覇国場十字路店　098-831-9511
	専	パンデーロ 具志川店　098-983-6569

2017年3月末現在

一般社団法人 足と靴と健康協議会(FHA)

靴の製造、卸、小売り、皮革および関連材料業の会員から構成される靴の研究団体。靴を販売する専門職の人材育成にいち早く取り組み、シューフィッターの資格制度を制度化。現在までに7,600名以上の資格者を世に送っている。また幼児子どもやシニア層に対応できる専門シューフィッターの資格制度にも取り組み、これから増える消費者のニーズに積極的に応えている。

シューフィッターに頼めば歩くことがもっと楽しくなる

2017年7月28日　初版発行

著者　一般社団法人　足と靴と健康協議会(FHA)

発行　株式会社 キクロス出版
〒112-0012　東京都文京区大塚6-37-17-401
TEL.03-3945-4148 FAX.03-3945-4149

発売　株式会社 星雲社
〒112-0005　東京都文京区水道1-3-30
TEL.03-3868-3275 FAX.03-3868-6588

印刷・製本 株式会社 厚徳社

プロデューサー 山口晴之　デザイン 山家ハルミ

ISBN978-4-434-23313-5 C0077

農学博士　大森正司

四六判並製・本文104頁／本体1,200円（税別）

だしは日本料理の基本です。そこでかつお節とだしについての最新情報を盛り込みながら、いろいろな角度から解説したのが本書です。３つの章から成っており、第１章はかつお節とだしに関する最新情報を中心に、食育や歴史についても触れます。第２章は健康に関してです。かつお節の栄養成分に始まり、かつお節やだしの効能効果について詳しく説明します。第３章はかつお節の製造についてです。節の種類やかつお節の作業工程、カビの役割についても解説しています。

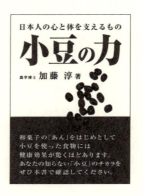